高等职业教育教学改革系列规划教材

办公自动化项目教程
（Windows 10+Office 2016）

徐洁云　毛亚南　熊燕帆　主　编

詹　莉　陈　妍　吴　娟

张丹妮　吴先华　时巧红　副主编

电子工业出版社

Publishing House of Electronics Industry

北京·BEIJING

内 容 简 介

本书以 Windows 10 操作系统和 Office 2016 为基础，主要内容包括：认识办公自动化，Windows 10 操作系统的使用，Word 2016 的应用，Excel 2016 的应用，PowerPoint 2016 的应用，办公设备运用，手机版 WPS Office 运用。

本书内容丰富，浅显易懂，理论阐述适当，采用项目结合任务驱动的方法，重点讲述操作性内容，着重培养学生对常用办公软件的使用能力。操作步骤讲解细致，描述准确，图文并茂，实例操作训练内容既可作为教师授课案例，也可供学生实验、训练。

本书既可作为高职高专院校各专业的计算机应用基础和办公自动化课程的教材，也可作为广大在职人员提高业务素质及掌握现代办公技能的辅助用书。

图书在版编目（CIP）数据

办公自动化项目教程：Windows 10+Office 2016 /徐洁云，毛亚南，熊燕帆主编. —北京：电子工业出版社，2019.8
ISBN 978-7-121-36533-1

Ⅰ. ①办⋯ Ⅱ. ①徐⋯ ②毛⋯ ③熊⋯ Ⅲ. ①办公自动化－应用软件－高等学校－教材 Ⅳ. ①TP317.1

中国版本图书馆 CIP 数据核字（2019）第 092411 号

责任编辑：王艳萍
印　　刷：北京天宇星印刷厂
装　　订：北京天宇星印刷厂
出版发行：电子工业出版社
　　　　　北京市海淀区万寿路 173 信箱　邮编 100036
开　　本：787×1 092　1/16　印张：12.5　字数：320 千字
版　　次：2019 年 8 月第 1 版
印　　次：2021 年 3 月第 3 次印刷
定　　价：39.00 元

凡所购买电子工业出版社图书有缺损问题，请向购买书店调换。若书店售缺，请与本社发行部联系，联系及邮购电话：（010）88254888，88258888。

质量投诉请发邮件至 zlts@phei.com.cn，盗版侵权举报请发邮件至 dbqq@phei.com.cn。

本书咨询联系方式：wangyp@phei.com.cn，（010）88254574。

前　　言

近年来，随着网络技术的迅猛发展，越来越多的企事业单位采用计算机技术提供快捷方便的服务。办公自动化并不等同于计算机技术，它是以管理科学为前提，以行为科学为主导，以系统科学为理论基础，综合运用计算机技术、通信技术和自动化技术来研究如何实现各项办公业务自动化的一门新兴的交叉学科。可以说，办公自动化的产生和发展是适应社会信息化、管理科学化和决策现代化需求的必然结果。

本书针对高等职业教育人才培养的需要，突出职业素质教育和应用能力培养，强调理实一体化的教学方法。各项目首先介绍相关的基本知识，然后通过实例强调基本技能的训练，最后辅以实训项目。

本书的教学目标是帮助学生循序渐进地掌握办公自动化的相关知识，让他们能使用计算机办公，并使用 Office 办公软件完成相关工作，能使用互联网实现网络办公。结合高职高专办公自动化课程的需要，本书包括以下几个项目。

项目 1　认识办公自动化：主要介绍办公自动化的概念，让学生直观地认识现代办公自动化常用设备，如计算机、打印机、复印机、扫描仪等，熟悉计算机的基本使用。

项目 2　Windows 10 操作系统的使用：主要介绍 Windows 10 操作系统初始化安装和 Windows 10 操作系统使用、连接无线打印机。

项目 3　Word 2016 的应用：主要介绍 Word 2016 的基本操作、Word 2016 办公技法与应用、Word 2016 的综合应用。

项目 4　Excel 2016 的应用：主要介绍创建图表、单元格数据的输入与设置、公式和函数的使用。

项目 5　PowerPoint 2016 的应用：主要介绍幻灯片的制作和编辑、多媒体及动画设置、图表制作及其他。

项目 6　办公设备运用：主要介绍文件的打印与复印、文件的扫描与传真。

项目 7　手机版 WPS Office 运用：主要介绍手机版办公软件的安装和文件传输、手机文件的编辑、手机文件的打印。

本书由武汉城市职业学院徐洁云、毛亚南、熊燕帆老师担任主编；武汉城市职业学院詹莉、武汉城市职业学院陈妍、武汉城市职业学院吴先华、武汉城市职业学院吴娟、武汉城市职业学院张丹妮，以及时巧红老师担任副主编；武汉城市职业学院程慧兰、武汉益模科技有限公司黄华，以及王珂老师参与了编写；全书由毛亚南老师负责统稿工作。

本书有配套的教学资源，包括教学大纲、教学计划、教学课件等，请有需要的教师登录华信教育资源网（www.hxedu. com.cn）免费注册后进行下载，如有问题请在网站留言或与电子工业出版社联系（E-mail：wangyp@phei.com.cn）。

尽管我们在探索教材建设创新特色方面做出了许多努力，但由于水平有限，书中仍有可能存在一些疏漏和不妥之处，恳请各位读者在使用本书时多提宝贵意见和建议。

编　者

目　　录

项目 1　认识办公自动化

传统的办公模式以纸张为主，且需靠人力实现传送。近几十年来，信息技术飞速发展，在信息革命不断冲击下，传统办公模式远远不能满足高效率、快节奏的现代工作和生活的需要。办公自动化逐步得到了人们的重视与认可。实现办公自动化的目的是尽可能充分地利用信息资源，提高工作效率和质量，辅助决策，取得更好的经济效果。

任务 1.1　办公自动化的概念

办公自动化（Office Automation，OA）是将现代化办公和计算机网络功能结合起来的一种新型的办公方式。目前较具权威性的定义有两个：

（1）季斯曼定义——美国麻省理工学院 M.C.季斯曼提出的定义

办公自动化就是将计算机技术、通信技术、系统科学与行为科学应用于传统的数据处理技术难以处理，量非常大而结构又不明确的那些业务上的一项综合技术。

（2）我国专家的定义

办公自动化是利用先进的科学技术，不断地使人的一部分办公业务活动物化于人以外的各种设备中，并由这些设备与办公人员构成服务于某种目标的人机信息处理系统。

个人办公自动化：指个人办公使用的计算机应用技术，包括文字处理、数据处理、报表处理及语音处理、图形图像处理等技术。

群体办公自动化：指支持群体间动态办公的综合网络协同办公自动化系统，用于多单位协同工作。

【知识链接】

1. 了解办公自动化的特点

办公自动化是信息化社会最重要的标志之一，它将许多独立的办公职能一体化，提高了自动化程度及办公效率，从而获得更大效益，并对信息化社会产生了积极的影响。它的主要特点如下：

（1）办公自动化是当前国际上飞速发展的，涉及文秘、行政管理等多种学科并综合运用计算机、网络通信、自动化等技术的一门新型学科。

办公自动化理论基础中的计算机技术、通信技术、系统科学、行为科学是办公自动化的四大支柱，或称四大支撑技术。可以说它是以行为科学为主导，以系统科学为理论基础，综合运用计算机技术和通信技术完成各项办公业务的一门新型综合性学科，是信息化社会的时代产物。

（2）办公自动化是融人、机器、信息三者为一体的人机信息系统。其中，"人"起决定性作用，是信息加工的设计者、指导者和成果享用者；而"机"指办公设备，是办公自动化的必要条件，是信息加工的工具和手段；"信息"则是办公自动化中被加工的对象。一个典型的办公自动化系统包括了信息的采集、加工、传递和保存四个基本环节。简而言之，办公自动化充分体现了人、机器和信息三者的关系。

（3）办公自动化将包括文字、数据、语言、图像等在内的办公信息实现一体化处理。它把基于不同技术的办公设备用网络连成一体，使办公室真正具有综合处理信息的功能。

（4）办公自动化的目标明确，能够优质、高效地处理办公信息和事务，提高了办公效率和质量。它是一种辅助手段，便于人们产生更高价值的信息，使办公活动智能化。

2．办公自动化的功能

（1）处理文件阅读、文件批示、文件处理、文件存档等事务。

（2）处理草拟文件、制订计划、起草报告、编制报表、整理资料、记录、拍照、打印文件等事务。

（3）处理文件的收发、保存、复制、检索、传真等事务。

（4）处理会议、汇报、报告、讨论、命令、指示、谈话等事务。

3．办公自动化的发展

自 20 世纪 80 年代起，自动化技术、计算机技术和通信技术三大技术迅猛发展，为办公自动化奠定了必要的物质基础和技术基础。

（1）国外办公自动化系统的发展

20 世纪 70 年代后期，美、英、日等国家开始办公自动化理论和技术的研究。

美国是推行办公自动化最早的国家之一，其发展大致经历了 4 个阶段：单机设备阶段（1975 年以前）、局域网阶段（1975～1982 年）、一体化阶段（1983～1990 年）、多媒体信息传输阶段（20 世纪 90 年代以后）。

日本办公自动化的起步稍晚于美国。但是，其针对本国的国情制定了一系列发展本国办公自动化的规划，并建立了相应的执行机构，组建了办公自动化的教育培训中心。随后建成的日本东京都政府办公大楼，成为一座综合利用了各种先进技术的智能大厦，是当代办公自动化先进水平的代表。

（2）我国办公自动化系统的发展

我国办公自动化的发展，始于 20 世纪 80 年代初，经过三十多年的发展，已初步形成规模，其发展大致可分为 3 个阶段：启蒙与准备阶段（1981～1985 年）、初见成效阶段（1986～1990 年）、稳步发展阶段（1991 年以后）。

在现代技术和设备支持下，办公自动化及其系统呈现出小型化、集成化、网络化、智能化及多媒体化五大趋势：

（1）小型化

早期的计算机是一个庞大的系统。今天的高性能计算机，其各项性能指标已经大大超过了早些年的小型机甚至大型机，而且不必加特殊防护装置。光、磁存储技术的发展，使大规模数据存储成为可能，也使得计算机的体积进一步缩小。如今，台式设备及便携式设备已经成为办公自动化的主流。

（2）集成化

办公自动化系统最初往往是单机运行的，至少是分别开发的。如一个跨国公司，开始时由各子公司自行建立各自的子系统，以完成内部事务。由于所采用的软、硬件可能出自多家厂商，软件功能、数据结构、界面等也会因此不同。随着业务的发展、信息的交流，人们产生了集成的要求，包括：

网络的集成：实现异构系统下的数据传输，这是整个系统集成的基础。

应用程序的集成：实现不同的应用程序在同一环境下运行和同一应用程序在不同节点下运行。

数据的集成：不仅是互相交换数据，而且要实现数据的互相操作和解决数据语义的异构问题，以真正实现数据共享。

界面的集成：实现不同系统下操作环境的一致，至少是相似的。此外，操作方法、系统功能等也都向着集成化的方向发展。

（3）网络化

随着计算机安装量的增长，分散的 OA 系统已不能满足需要，联网便成为一个必然的趋势。未来的 OA 网络已经不仅仅是本单位、本部门的局域网互连，而将发展成为各种类型网（数据网、PABX 网、局域网等）的互连；局域网、广域网、全球网的互连；专用网与公用网的互连等。总之，建立完全的网络环境，使 OA 系统超越时空的限制，这也是实现移动办公、在家办公、远程操作的基础。

（4）智能化

给机器赋予人的智能，一直是人类的梦想。人工智能是当前计算机技术研究的前沿课题，也已经取得了一些成果。这些成果虽然还远未达到让机器像人一样思考、工作的程度，但已经可以在很多方面对办公活动予以辅助。

（5）多媒体化

多媒体技术把计算机技术、网络通信技术和声像处理技术结合起来，以集成性（多种信息媒体综合）、交互性（人—机交互）、数字化（模拟信息数字化）为特点，可以为办公活动提供多方位的支持，如为管理人员提供多彩的工作环境，生动的人机界面，特别是全面的信息处理功能。

总而言之，办公自动化是一个不断发展、不断提高、不断完善的有机体。随着社会需求、支撑技术的发展，必将呈现出新的面貌。

任务 1.2　认识现代办公自动化常用设备

随着计算机和通信技术的飞速发展，现代化办公设备档次不断提高，作为工程技术人员或者办公人员，都要使用大量的办公设备，如计算机、打印机、复印机、扫描仪等。因此，掌握基本的办公设备使用知识是很必要的。

操作　认识计算机、打印机、复印机、扫描仪

【学习目标】

从外观上认识计算机、打印机、复印机、扫描仪。

【操作概述】

识别计算机、打印机、复印机、扫描仪。

【操作步骤】

从图 1-1 中分别找出台式机、一体机、笔记本电脑、平板电脑、打印机、复印机、扫描仪。

图1-1　台式机、一体机、笔记本电脑、平板电脑、打印机、复印机、扫描仪

任务 1.3　熟悉计算机的基本使用

操作1　认识计算机的组成

【学习目标】

认识计算机的组成。

【操作概述】

认识计算机的主机、显示器、鼠标和键盘等。

【操作步骤】

Step 01：认识主机。

主机是一个笼统的概念，通常是指一个带有主板、CPU 及风扇、内存、声卡、显卡、光驱、硬盘和电源等计算机配件的机箱，如图 1-2、图 1-3 所示。

图 1-2　主机内部结构图

图 1-3　主机正面图

Step 02：认识显示器。

显示器是计算机最主要的输出设备，用于将主机运算或执行命令的结果显示出来，如图 1-4 所示。

图 1-4　显示器

图 1-5　键盘和鼠标

Step 03：认识键盘和鼠标。

键盘和鼠标是计算机最重要的输入设备，主要用于向计算机发出指令和输入信息，如图 1-5 所示。

Step 04：认识打印机与扫描仪。

打印机也是计算机的输出设备，它可以将编排好的文档、表格及图像等内容输出到纸上。而扫描仪与其作用相反，它是计算机的输入设备，主要将要进行处理的文件、图片等内容输入到计算机中，如图 1-6 所示。

图 1-6　打印机与扫描仪

Step 05：认识音箱。

音箱是整个音响系统的终端，其作用是把音频电能转换成相应的声能，并把它辐射到空间中去，如图 1-7 所示。

Step 06：认识 U 盘与移动硬盘。

U 盘是一种体积非常小的移动存储装置。其工作原理是将数据存储于内置的闪存芯片中，并利用 USB 接口在不同计算机之间进行数据交换。移动硬盘是以硬盘为存储介质，在计算机之间交换大容量数据，强调便携性的存储产品，如图 1-8 所示。

图 1-7　音箱　　　　　　　　　　　　　　图 1-8　U 盘与移动硬盘

【知识链接】

计算机系统分为硬件和软件两大部分，硬件相当于人的身体，而软件相当于人的思想。硬件主要包括计算机、打印机、传真机等常用办公设备。主机是一台计算机的核心部件，通常放在一个机箱里。而外部设备包括输入设备（如键盘、鼠标）和输出设备（如显示器、打印机）等，如图 1-9 所示。

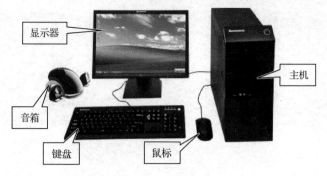

图 1-9 计算机

操作 2 连接计算机

【学习目标】

能正常连接并使用计算机。

【操作概述】

将主机、显示器、鼠标和键盘连接起来,便于正常使用计算机进行办公。

【操作步骤】

前面我们对计算机有了一定了解,现在让我们来完成计算机的连接。

Step 01:认识主机背后的各插孔并了解其作用,如图 1-10 所示。

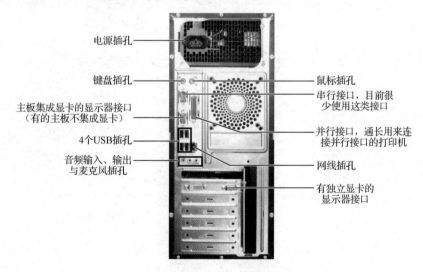

图 1-10 主机背后的各插孔

Step 02:将电源线的匹配端连接到主机箱上的电源插孔中,如图 1-11 所示。

Step 03:将键盘与鼠标连接到主机箱的键盘插孔与鼠标插孔中,如图 1-12 所示。

Step 04:将显示器的信号电缆连接到主机箱的显示器接口上,如图 1-13 所示。

图 1-11　主机箱上的电源插孔

图 1-12　主机箱的键盘插孔与鼠标插孔

图 1-13　主机箱的显示器接口

Step 05：将网线连接至主机箱的网卡插孔，如图 1-14 所示。

图 1-14　主机箱的网卡插孔

Step 06：将主机、显示器的电源线连接到电源插座上。

操作3 设置桌面背景

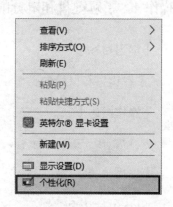

【学习目标】

学会设置计算机桌面背景。

【操作概述】

使用计算机系统软件设置桌面背景。

【操作步骤】

图 1-15 选择【个性化】命令

Step 01：启动计算机。

Step 02：在桌面空白处单击鼠标右键，选择【个性化】命令，如图 1-15 所示。

Step 03：在弹出的【设置】界面中选择【个性化】→【背景】选项，选择系统提供的背景图片，如图 1-16 所示。

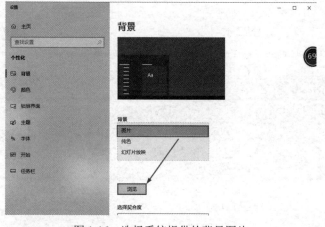

图 1-16 选择系统提供的背景图片

Step 04：也可选择其他图片作为桌面背景，如图 1-17 所示。

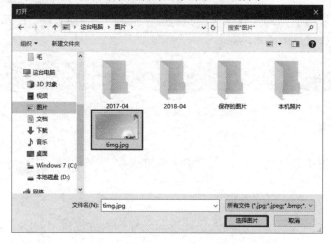

图 1-17 选择其他图片作为桌面背景

操作4　了解键盘和鼠标的操作

【学习目标】

了解键盘和鼠标的操作。

【操作概述】

观察、认识键盘、鼠标。

【操作步骤】

Step 01：认识键盘。

键盘是计算机的基本输入设备之一，程序、数据和指令都可以通过键盘输入到计算机中，掌握键盘的操作是学习计算机的前提。常见的计算机键盘有 101 键盘、104 键盘、108 键盘等几种。

键盘通常分为 5 个区：主键盘区、功能键区、指示灯区、小键盘区、编辑键区，如图 1-18 所示。

图 1-18　键盘

（1）功能键区

功能键区位于键盘的顶端，包括【Esc】键、【F1】～【F12】键、【Power】键、【Sleep】键和【Wake up】键，如图 1-19 所示。

图 1-19　键盘的功能键区

（2）主键盘区

主键盘区是使用最频繁的区域，主要由字母键、数字/符号键、控制键和特殊键构成，如图 1-20 所示。

（3）编辑键区

编辑键区的键位主要用于控制输入字符时的光标插入点位置，如图 1-21 所示。

图 1-20 键盘的主键盘区

（4）小键盘区

小键盘区常用于快速输入数字和控制文档编辑软件中的光标插入点，如图 1-22 所示。

图 1-21 键盘的编辑键区

图 1-22 键盘的小键盘区

（5）指示灯区

指示灯区包括【Num Lock】、【Caps Lock】和【Scroll Lock】三个指示灯，从左至右分别用于指示小键盘输入状态、大小写锁定状态及滚屏锁定状态，如图 1-23 所示。

（6）键盘操作指法

键盘上的【A】、【S】、【D】、【F】、【J】、【K】、【L】和【:】

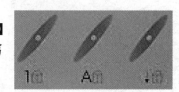

图 1-23 键盘的指示灯区

按键称为基准键位。所谓基准键位，是指使用键盘时，双手除大拇指之外的其余 8 根手指的放置位置，如图 1-24 所示。

（7）击键的正确方法

击键时，要找准键位所在区域，击键后手指应马上回到相应的基准键位，准备下一次击键操作，如图 1-25 所示。

Step 02：认识鼠标。

在 Windows 环境中，用户的很多操作都是通过鼠标完成的，它具有体积小、操作方便、控制灵活等优点。常见的鼠标有两键式、三键式及四键式。目前常用的鼠标为三键式，包括左键、右键和滚轮，通过滚轮可以快速上下浏览内容及快速翻页，如图1-26所示。

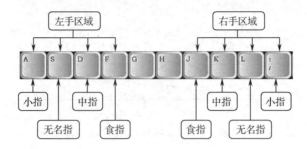

图1-24　基准键位

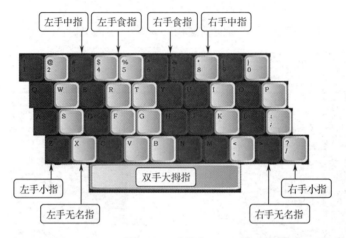

图1-25　手指分工

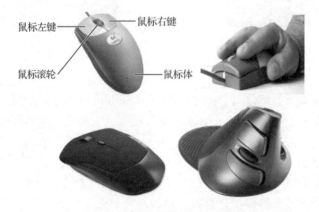

图1-26　鼠标组成及把握方法

（1）指向

不按下鼠标任何按键，直接移动鼠标，此时屏幕上会有一个光标（称为鼠标光标或鼠标指针）随之移动。该操作主要用来将鼠标指针移动到要操作的对象上，从而为后续的操作做准备，如图1-27所示。

（2）单击

单击操作通常用于选定某个对象、按下某个按钮或打开某个项目。首先移动鼠标，将鼠标指针指向某个对象，然后用食指快速按下鼠标左键后再快速松开，这样就完成了一次单击操作。例如，将鼠标指针移动到【开始】按钮上后单击，可打开【开始】菜单，如图 1-28 所示。

图 1-27 指向

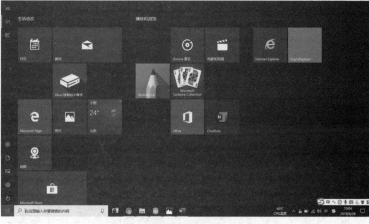

图 1-28 单击

（3）双击

双击是指用食指快速地连续按两下鼠标左键。它常用于启动某个程序、打开某个窗口或文件。

（4）拖放

拖放操作由两个动作组成，拖动与释放，常用来移动目标对象。将鼠标指针移动到某个对象上，然后按下鼠标左键不放，同时向目标位置移动鼠标，此时被选中的对象将随着光标移动，在到达目标位置后释放鼠标左键即可移动对象，如图 1-29 所示。

（5）拖动选择

在执行文件操作或进行文档、图像编辑时，常常利用拖动选择要处理的一组文件或文档中要处理的内容。在要选择的对象左上方按下鼠标左键不放，沿对角线方向向右下方移动，此时鼠标将拖出一个矩形区域，释放鼠标左键，矩形区域中的所有对象都被选中，如图 1-30 所示。

图 1-29 拖放

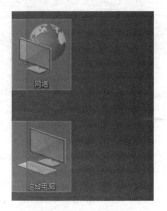

图 1-30 拖动选择

（6）右击

右击是指快速按下并释放鼠标右键。右击一般用于打开窗口，启动应用程序，常见的鼠标指针形状及含义如图 1-31 所示。

鼠标指针	表示的状态	鼠标指针	表示的状态	鼠标指针	表示的状态
⌖	准备状态	↕	调整对象垂直大小	✛	精确调整对象
⌖?	帮助选择	↔	调整对象水平大小	I	文本输入状态
⌖⌛	后台处理	⬉	等比例调整对象1	⊘	禁用状态
⌛	忙碌状态	⬈	等比例调整对象2	✎	手写状态
✥	移动对象	↑	其他选择	☚	链接状态

图 1-31　常见的鼠标指针形状及含义

① 箭头指针⌖，也是 Windows 的基本指针，用于选择菜单、命令或选项。

② 双向箭头指针，又分水平缩放指针↔、垂直缩放指针↕，当将鼠标指针移到窗口的边框线上时，会变成双向箭头，此时拖动鼠标，可上下或左右移动边框改变窗口大小。

③ 斜向箭头指针⬉⬈，也叫等比缩放指针，当鼠标指针正好移到窗口的四个角落时，会变成斜向双向箭头，此时拖动鼠标，可沿水平和垂直两个方向等比例放大或缩小窗口。

④ 四向箭头指针✥，也叫搬移指针，用于移动选定的对象。

⑤ 漏斗指针⌛，表示计算机正忙，需要用户等待。

⑥ I 型指针，用于在文字编辑区内指示编辑位置。

项目 2　Windows 10 操作系统的使用

　　Windows 是美国 Microsoft（微软）公司在 20 世纪 80 年代初推出的基于图形的、多用户多任务图形化操作系统，对计算机的操作是通过对【窗口】、【图标】、【菜单】等图形界面和符号的操作来实现的。用户的操作不仅可以用键盘，更多的是用鼠标来完成的。

　　短短几十年中，Windows 历经了 Windows 1.0、Windows 3.1、Windows 95、Windows NT、Windows 98、Windows ME、Windows 2000、Windows XP、Windows 2003、Windows Vista、Windows 7、Windows 8、Windows 10 等多个版本。

　　Windows 10 是 Microsoft 公司研发的新一代跨平台及设备应用的操作系统。

【知识链接】

　　（1）Windows 1.0 版本是由微软在 1983 年 11 月宣布，并在两年后（1985 年 11 月）发行的。

　　（2）Windows 2.0 版本是在 1987 年 11 月正式在市场上推出的。该版本对使用者界面做了一些改进，还增强了键盘和鼠标功能，特别是加入了功能表和对话框。

　　（3）Windows 3.0 版本是 1990 年 5 月 22 日发布的。Windows 3.0 是第一个在家用和办公市场上获得立足点的版本。

　　（4）Windows 3.1 版本是 1992 年 4 月发布的，跟 OS/2 一样，Windows 3.1 只能在保护模式下运行，并且要求在至少配置了 1MB 内存的 286 或 386 处理器的 PC 上运行。

　　（5）1993 年 7 月发布的 Windows NT 是第一个支持 Intel386、486 和 Pentium CPU 的 32 位保护模式的版本。同时，Windows NT 还可以移植到非 Intel 平台上，并在几种使用 RISC 晶片的工作站上工作。

　　（6）Windows 95 在 1995 年 8 月发布。虽然缺少了 Windows NT 中某些功能，诸如高安全性和对 RISC 机器的可携性等，但是 Windows 95 具有需要较少硬件资源的优点。

　　（7）Windows 98 在 1998 年 6 月发布，具有许多加强功能，包括执行效能的提高、更好的硬件支持及将国际网络和全球资讯网（WWW）更紧密地结合。

　　（8）Windows ME 是介于 Windows 98 和 Windows 2000 的一个操作系统，其目的是让那些无法符合 Windows 2000 硬件标准的计算机能享受到类似的功能，但事实上这个版本的 Windows 系统问题非常多，既失去了 Windows 2000 的稳定性，又无法达到 Windows 98 的低配置要求，因此很快被大众遗弃。

　　（9）Windows 2000 的诞生是一件非常了不起的事情，2000 年 2 月 17 日发布的 Windows 2000 被誉为迄今最稳定的操作系统之一，其由 Windows NT 发展而来。

　　（10）Windows XP 在 Windows 2000 的基础上，增强了安全特性，同时增强了验证盗版的技术。从某种角度看，Windows XP 是最为易用的操作系统之一。

　　（11）2006 年 11 月，具有跨时代意义的 Windows Vista 系统发布，它引发了一场硬件革命，是 PC 正式进入双核、大（内存、硬盘）时代。不过因为 Windows Vista 的使用习惯与

Windows XP 有一定差异，软硬件的兼容问题导致它的普及率不太令人满意，但它华丽的界面和炫目的特效还是值得赞赏的。

（12）Windows 7 于 2009 年 10 月 22 日在美国发布。Windows 7 的设计主要围绕五个重点：针对笔记本电脑的特有设计，基于应用服务的设计，用户的个性化，视听娱乐的优化，用户易用性的新引擎。

（13）2012 年 10 月 26 日，Windows 8 在美国正式推出。Windows 8 支持来自 Intel、AMD 和 ARM 的芯片架构，被应用于个人计算机和平板电脑上，尤其是移动触控电子设备，如触摸屏手机、平板电脑等。该系统具有良好的续航能力、启动速度更快、占用内存更少，并兼容 Windows 7 所支持的软件和硬件。另外在界面设计上，采用了平面化设计。

（14）2015 年 7 月 29 日发布的 Windows 10 是微软最新发布的 Windows 版本。

任务 2.1　Windows 10 操作系统初始化安装

【学习目标】

学习 Windows 10 操作系统的初始化安装。

【操作概述】

在初始化状态下进行 Windows 10 操作系统的安装。

【操作步骤】

Step 01：进入【快速上手】界面（新购买的计算机，开机后直接进入【快速上手】界面），不要单击【使用快速设置】按钮，单击左下角的【自定义设置】按钮，如图 2-1 所示。

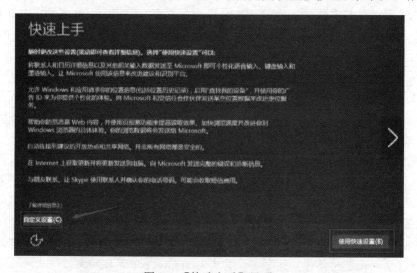

图 2-1　【快速上手】界面

Step 02：进入【自定义设置】界面，关闭如图 2-2 所示项目。

Step 03：单击【下一步】按钮，关闭【自定义设置】界面中的选项，如图 2-3 所示。

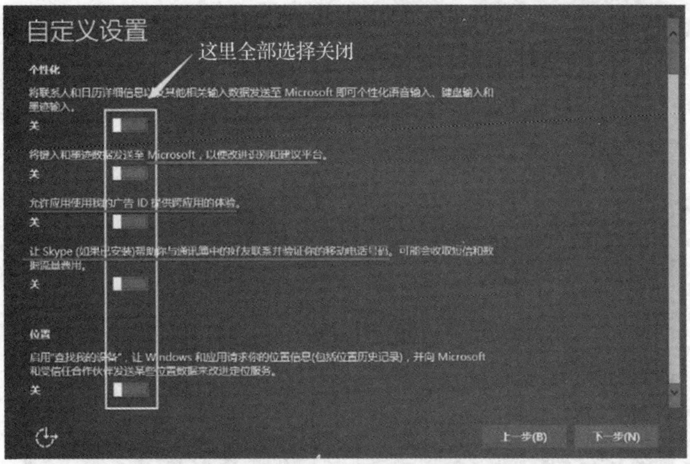

图 2-2　【自定义设置】界面

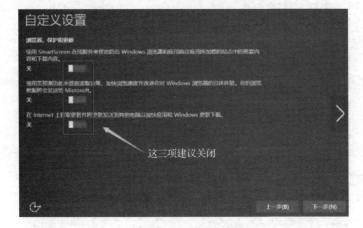

图 2-3　关闭选项

Step 04：单击【下一步】按钮，关闭如图 2-4 所示的选项。

图 2-4　关闭选项

Step 05：单击【下一步】按钮，将会重启并设置 Windows 10 登录帐号等信息。重启后进入【谁是这台电脑的所有者？】界面，根据需要自行选择（如果是个人计算机就选择【我拥有它】选项），然后单击【下一步】按钮，如图2-5所示。

    Step 06：单击【下一步】按钮，进入【个性化设置】界面，可跳过此步骤，如图2-6所示。

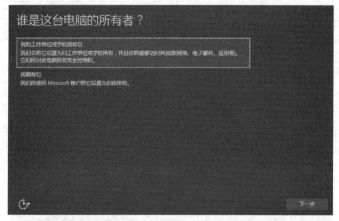

图2-5 【谁是这台电脑的所有者？】界面

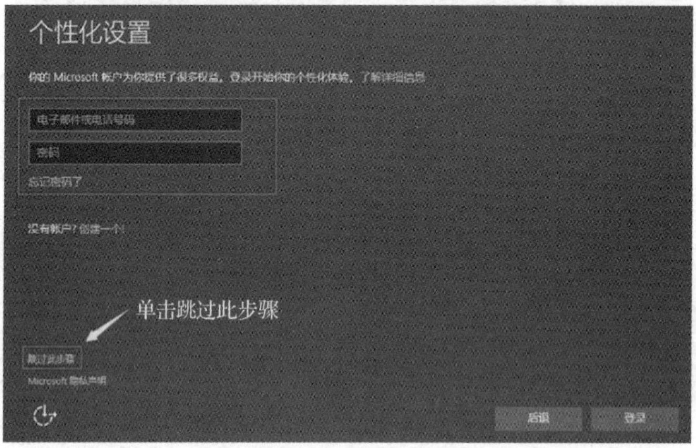

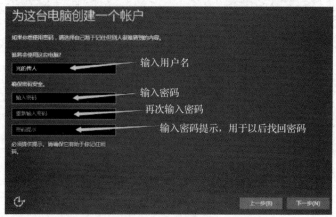

图2-6 【个性化设置】界面

    Step 07：跳过上步后，为这台电脑创建一个帐户（注意需要记住密码，以后开机需要输入密码才能进入），如图2-7所示。

图2-7 为这台电脑创建一个帐户

Step 08：单击【下一步】按钮，出现一些文字介绍后，即安装完成，进入系统桌面，Windows 10 操作系统初始化也就完成了。

任务 2.2　Windows 10 操作系统使用

操作 1　初步认识 Windows 10 操作系统

【学习目标】

认识 Windows 10 操作系统的桌面。

【操作概述】

认识 Windows 10 操作系统的桌面的各项功能。

【操作步骤】

Windows 10 操作系统桌面上各个位置及部件介绍如图 2-8 所示。

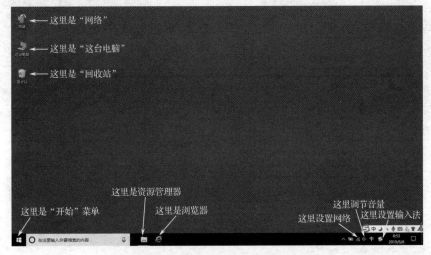

图 2-8　桌面上各个位置及部件介绍

操作 2　Windows 10 操作系统基本操作

【学习目标】

学习 Windows 10 操作系统的基本操作。

【操作概述】

了解单击、双击、右击操作。

【操作步骤】

如果是台式机或笔记本电脑，使用鼠标的操作一般分为简单的【单击】（就是单击一下鼠标的左键，用来选择）、【双击】（就是快速单击两次鼠标的左键，用来打开文件或程序）、【右击】（就是单击鼠标右键一次，用来弹出更多菜单选项）。平板电脑的操作是触屏式的，【单击】、【双击】直接用手指点击屏幕即可，【右击】操作需要长按屏幕 1~2 秒，松开就会弹出更多菜单选项，然后再选择对应的操作。

Step 01：选择【开始】菜单，会弹出如图 2-9 所示选项，选择【文件资源管理器】选项，就能管理计算机中的文件。

Step 02：右击【开始】按钮，也会弹出一些高级设置，如图 2-10 所示。

图 2-9 【开始】菜单

图 2-10 高级设置

Step 03：在图 2-10 中选择【文件资源管理器】选项，打开【文件资源管理器】窗口，一些基本操作如图 2-11 所示。

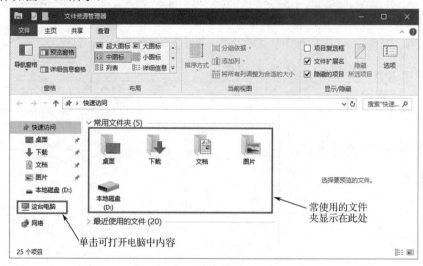

图 2-11 【文件资源管理器】窗口

Step 04：文件删除、重命名等操作。选中要操作的对象，右击就可弹出相应菜单进行操作，如图 2-12 所示。如选择【打开】命令，即可打开该文件或程序；选择【删除】命令将删除文件并放到回收站。

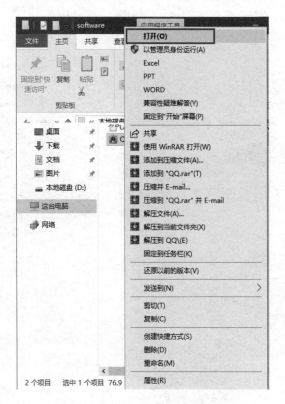

图 2-12　右键菜单

操作3　浏览器介绍

【学习目标】

学习使用 Windows 10 操作系统的浏览器。

【操作概述】

了解 Windows 10 操作系统的浏览器的设置。

【操作步骤】

Step 01：一般 Windows 10 都自带 Microsoft Edge 浏览器、IE 浏览器，使用浏览器可以浏览网页、看新闻、在线观看视频等。下面将根据 Microsoft Edge 浏览器进行基本操作介绍，如图 2-13 所示。

Step 02：设置浏览器主页。即设置一打开浏览器就显示的界面，一般设置为导航网站。单击浏览器右上角按钮，在弹出菜单中选择【设置】命令，如图 2-14 所示。

Step 03：打开【设置】窗口后，可将主页设置为常用的导航网站，如可设置为"https://

www.baidu.com"，如图 2-15 所示。

图 2-13　浏览器

图 2-14　选择【设置】命令

图 2-15　浏览器主页设置

操作 4　软件的下载及安装

【学习目标】

学习 Windows 10 操作系统中软件的下载及安装。

【操作概述】

了解 Windows 10 操作系统中软件的下载及安装。

【操作步骤】

Step 01：以下载并安装 QQ 软件为例。用浏览器打开 QQ 官网 www.qq.com，然后单击【立即下载】按钮，即可下载 QQ 安装程序（Windows 10 自带浏览器默认保存位置为 C 盘，可自行修改），如图 2-16 所示。

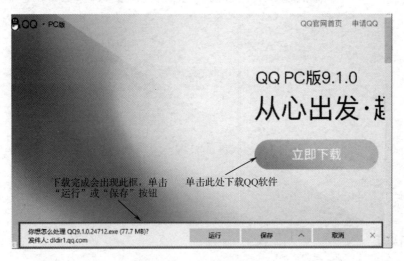

图 2-16　下载 QQ 软件

Step 02：下载后双击软件，即可安装（注意在安装过程中，有些不必要的默认勾选的选项要去掉，否则就会默认安装一些无关软件）。在弹出的窗口中一直选择【是】按钮，即可进行安装操作，如图 2-17 所示。

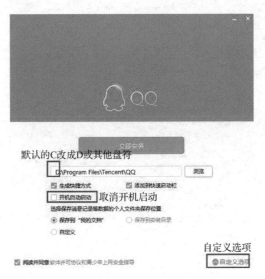

图 2-17　保存位置及启动选项

Step 03：安装完成后，也要注意弹出来的窗口中是否有默认的勾选选项，有安装软件选项的，直接取消勾选，再单击【确定】按钮，如图 2-18 所示。

图 2-18　取消默认的勾选选项

注意：以上是基本的下载并且安装软件的过程，不同软件安装过程虽然不全相同，但也大同小异，只要小心谨慎，就不会产生困扰。

操作5　卸载软件

【学习目标】

学习在 Windows 10 操作系统中如何卸载软件。

【操作概述】

了解在 Windows 10 操作系统中如何卸载软件。

【操作步骤】

Step 01：打开【控制面板】，找到【程序】，如图 2-19 所示。

图 2-19　控制面板

Step 02：单击【卸载程序】，即可进行卸载。由于不同的软件卸载时出现的界面不同，无法一一展现，按照要求一步步卸载即可，不必要保留的东西都不再保留。

操作 6　设置 Windows 10 操作系统的应用和功能

【学习目标】

学习 Windows 10 操作系统的应用和功能。

【操作概述】

了解 Windows 10 操作系统的应用设置和功能添加。

【操作步骤】

Step 01：右击【开始】按钮，在弹出菜单中选择【设置】命令，如图 2-20 所示。

Step 02：出现如图 2-21 所示窗口，单击【应用】，出现如图 2-22 所示窗口。

Step 03：单击【应用和功能】，选择应用安装的条件，如【允许安装任何来源的应用】等。

Step 04：单击【管理可选功能】，出现如图 2-23 所示窗口，添加功能操作。

Step 05：单击【添加功能】后，会出现可添加的功能，只要根据自己需要添加即可。

图 2-20　选择【设置】命令

图 2-21　【Windows 设置】内容

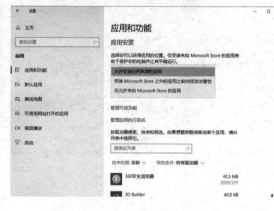

图 2-22　应用和功能

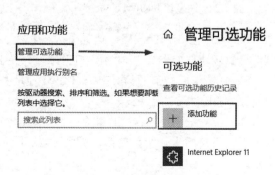

图 2-23　管理可选功能

任务 2.3　连接无线打印机

无线网络技术的发展，使我们可以摆脱复杂的线路连接。如果要在笔记本电脑或台式机上连接打印机来打印文件，使用无线打印机会带来更多的便利。

【学习目标】

学习连接无线打印机。

【操作概述】

了解如何连接无线打印机。

【操作步骤】

Step 01：找到已连接打印机的计算机的 IP 地址。选择桌面右下角的 图标，单击【网络和 Internet 设置】，如图 2-24 所示。

Step 02：出现如图 2-25 所示界面，单击【更改适配器选项】，打开【网络连接】窗口。

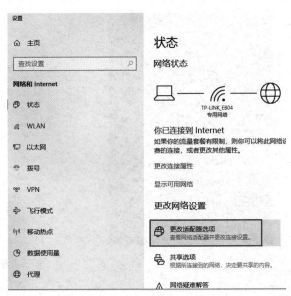

图 2-24　网络和 Internet 设置　　　　　　图 2-25　网络状态

Step 03：右击网络设备，选择【状态】命令，在打开的【WLAN 状态】窗口中，单击【详细信息】按钮，如图 2-26 所示，打开【网络连接详细信息】窗口。

Step 04：在详细信息窗口中，【IPv4 地址】就是该计算机的 IP 地址，此时需要记下这个 IP 地址，如图 2-27 所示。

Step 05：记下已连接打印机的主机的 IP 地址后，打开需要连接无线打印机的计算机，单击桌面左下角的【开始】按钮，如图 2-28 所示，找到【运行】选项并单击进入，如图 2-29 所示。

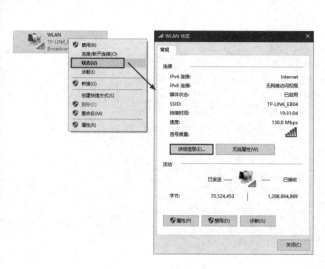

图 2-26　WLAN 状态　　　　　　　　　图 2-27　网络连接详细信息

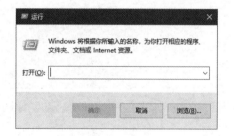

图 2-28　运行　　　　　　　　　　　图 2-29　【运行】界面

Step 06：进入【运行】对话框后输入已知的 IP 地址，这里需要注意输入的 IP 地址前需要加 "\\"，例如：\\192.168.1.102。输入完成后单击【确认】按钮，如图 2-30 所示。

Step 07：进入共享连接后找到要连接的打印机，右击，选择【设置为默认打印机】命令进行连接，如图 2-31 所示。

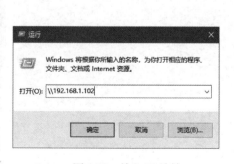

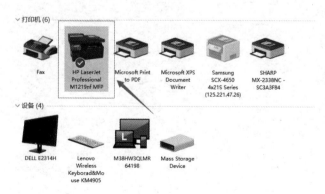

图 2-30　输入 IP 地址　　　　　　　图 2-31　找到要连接的打印机

Step 08：连接成功后，在打印文件时，选择已连接的打印机【名称】即可进行打印，如

图 2-32 所示。

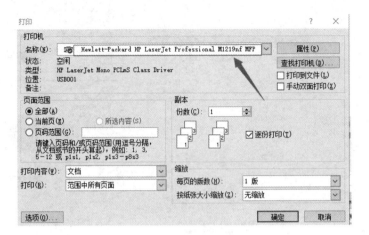

图 2-32　进行打印

项目 3　Word 2016 的应用

Word 2016 是 Office 2016 中的文字处理组件，也是办公应用中普及率最高的软件之一。利用 Word 2016 可以创建纯文本、图表文本、表格文本等各种类型的文档，还可以使用字体、段落、版式等功能进行高级排版。

任务 3.1　Word 2016 的基本操作

操作 1　启动 Word 2016

【学习目标】

学习并掌握启动 Word 2016 的方法。

【操作概述】

在 Office 2016 中启动、关闭程序的方法是类似的。下面将介绍如何启动 Word 2016。

【操作步骤】

Step 01：在 Windows10 操作系统桌面左下角的搜索框中，输入 "Word"，在筛选结果中选择 "Word" 选项，如图 3-1 所示。

Step 02：执行该操作后，即可启动 Word 2016，如图 3-2 所示。

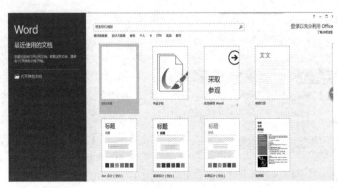

图 3-1　选择【Word】选项　　　　　　　图 3-2　启动 Word 2016

【知识链接】

除此之外，用户还可以双击桌面上的应用程序图标，或者在 Windows 应用窗口中找到 Word 图标，并双击该图标，则可以打开相应的应用程序。

Word 2016、Excel 2016 和 PowerPoint 2016 文件的扩展名在原来版本（97 至 2003 版本）的基础上增加了一个字母 x，如原来为 ".doc"，现在为 ".docx"。Access 2016 文件的扩展名由原来的 ".mdb" 变成了 ".accdb"。

操作 2 退出 Word 2016

【学习目标】

学习并掌握退出 Word 2016 的方法。

【操作概述】

用户可以通过多种方法退出 Word 2016，下面将简单介绍如何退出 Word 2016，其具体操作步骤如下。

【操作步骤】

Step 01：在 Word 2016 文件的标题栏上右击，在弹出的快捷菜单中选择【关闭】命令，如图 3-3 所示。

图 3-3 选择【关闭】命令

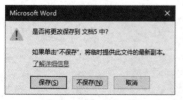

图 3-4 提示对话框

Step 02：如果有未保存的文档，程序会提示用户保存文档，如图 3-4 所示，单击【保存】按钮将会弹出【另存为】对话框，用户可以在该对话框中指定保存路径、名称及类型等；如果单击【不保存】按钮，将不会对当前文档进行保存，程序将直接关闭；如果单击【取消】按钮，将不执行关闭操作。

除了上述方法，还可以按 Alt+F4 组合键关闭程序；或单击标题栏右端的【关闭】按钮；或单击 Office 按钮，在弹出的下拉菜单中选择【关闭】命令。

操作 3　自定义快捷键

【学习目标】

学习并掌握自定义快捷键的方法。

【操作概述】

Word 中的快捷键不仅可以代表一个命令或宏指令，还可以代表格式、自动文本、自动文集、字体和符号等，如果进行合理定义，可以大大提高工作效率，下面将介绍如何自定义快捷键。

【操作步骤】

Step 01：在功能区中【开始】选项卡的左侧单击【文件】按钮，在打开的窗口中选择【选项】命令，如图 3-5 所示。

Step 02：在打开的【Word 选项】对话框中打开【自定义功能区】选项，如图 3-6 所示。

Word 中的快捷键是可以自定义的，如为没有快捷键的命令指定快捷键，或删除不需要的快捷键。如果不喜欢所做的更改，还可以随时返回默认的快捷键设置。

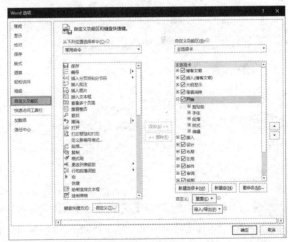

图 3-5　选择【选项】命令　　　　　　　图 3-6　【Word 选项】对话框

Step 03：单击【自定义】按钮，在弹出的【自定义键盘】对话框中，在【类别】列表框中选择【"插入"选项卡】，在【命令】列表框中选择【InsertPicture】，然后在【请按新快捷键】文本框中指定快捷键，在这里将快捷键设为 Ctrl+Q，最后单击【指定】按钮，如图 3-7 所示。

Step 04：单击【关闭】按钮，返回【Word 选项】对话框，单击【确定】按钮，这样新的快捷键就指定完成了。此时，在文档窗口中按快捷键 Ctrl+Q，即可弹出【插入图片】对话框，如图 3-8 所示。

如果用户想将自定义的快捷键删除，可在【自定义键盘】对话框中选择需要删除快捷键的命令，在【当前快捷键】文本框中选择所设置的快捷键，然后单击【删除】按钮，即可将设置的快捷键删除。

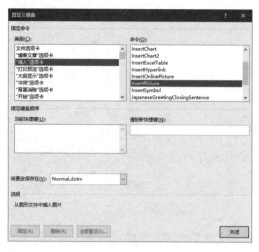

图3-7　指定快捷键

图3-8　【插入图片】对话框

操作4　自定义功能区

【学习目标】

学习并掌握自定义功能区的方法。

【操作概述】

Word 为用户提供了自定义功能区的功能，当用户想要使用自己所需的功能组时，就可以使用此功能。但是，用户无法更改 Word 中内置的默认选项卡和组，只能通过新建组来添加所需的功能，下面将介绍自定义功能区。

【操作步骤】

Step 01：在功能区中【开始】选项卡的左侧单击【文件】按钮，在打开的窗口中选择【选项】命令，弹出【Word 选项】对话框，切换到【自定义功能区】选项，然后单击【新建选项卡】按钮，如图 3-9 所示。

Step 02：在【从下列位置选择命令】下拉列表中选择【不在功能区中的命令】选项，如图 3-10 所示。

Step 03：单击【添加】按钮，将【Microsoft PowerPoint】、【Microsoft Excel】、【Microsoft Outlook】添加到【新建组】中，然后单击【确定】按钮，如图 3-11 所示。

Step 04：在 Word 界面中，切换到【新建选项卡】。用户可以在此选项卡中使用所添加的功能，如图 3-12 所示。

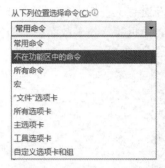

图 3-9 单击【新建选项卡】按钮　　　　图 3-10 选择【不在功能区中的命令】选项

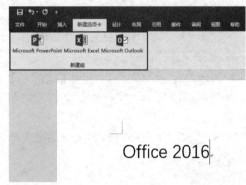

图 3-11 添加功能组　　　　　　　　图 3-12 查看添加的自定义功能

操作 5　手动保存文件

【学习目标】

学习并掌握手动保存文件的方法。

【操作概述】

手动保存文件可以很方便地将文件保存在任何位置，以及设置文件的保存类型等。下面将介绍如何手动保存文件。

【操作步骤】

Step 01：如果是第一次保存正在编辑的文件，可以单击【文件】按钮，在打开的窗口中选择【保存】命令；如果正在编辑的文件之前保存过一次，在选择【保存】命令后，会直接用新文件覆盖上次保存的文件；如果想保存修改后的文件，又不想覆盖修改前的内容，可以选择【另存为】命令，如图 3-13 所示。

Step 02：选择【另存为】→【计算机】选项，并单击【浏览】按钮，如图 3-14 所示。

在进行文件操作时，应该注意每隔一段时间就对文件保存一次，这样可以有效地避免因停电、死机等意外事故而丢失数据。

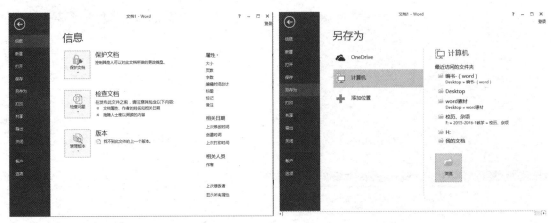

图 3-13 选择【保存】或【另存为】命令　　　　图 3-14 单击【浏览】按钮

Step 03：单击【浏览】按钮后弹出【另存为】对话框，在如图 3-15 所示的列表框中选择一个保存文件的位置。

Step 04：在该对话框中的【文件名】文本框中输入文件的名称，在【保存类型】下拉列表中选择以哪种格式保存当前文件，如图 3-16 所示，单击【保存】按钮，即可完成保存文件的操作。

如果不在【文件名】文本框中输入文件名称，则 Word 会以文档开头的第 1 句话作为文件名进行保存。

图 3-15 设置保存位置　　　　　　　　图 3-16 选择保存类型

操作6 自动保存文件

【学习目标】

学习并掌握设置自动保存文件的方法。

【操作概述】

除了手动保存文件，Word 还提供了很重要的自动保存功能，即每隔一段时间 Word 会自动保存文件一次。自动保存功能的保存时间间隔可以根据自己的需要以"分钟"为单位随意设定，其操作步骤如下。

【操作步骤】

Step 01：单击【文件】按钮，在打开的窗口中选择【选项】命令，如图 3-17 所示。

Step 02：在弹出的【Word 选项】对话框中切换到【保存】选项，确定【保存自动恢复信息时间间隔】复选框处于选中状态，并在其后面的微调框中输入一个以分钟为单位的时间间隔。如在该微调框中输入【5】，即表示设定系统每隔 5 分钟就自动保存一次文件，如图 3-18 所示。设置完成后，单击【确定】按钮即可。

除了上述方法，用户还可以在【另存为】对话框中单击【工具】按钮，在弹出的下拉列表中选择【保存选项】，也可以打开【Word 选项】对话框。

图 3-17 选择【选项】命令

图 3-18 设置自动保存选项

虽然设置了自动保存后可以免去许多由于忘记保存文件而带来的失误，但是还是建议养成使用快捷键 Ctrl+S 进行手动保存文件的习惯，因为如果在一台新的没有设置自动保存功能的计算机上进行文档的操作，就有可能因忘记保存而带来遗憾。保存文件永远是文件操作中的头等大事，每个人都应该使用各种方法最大限度地减少丢失数据的可能性。

任务 3.2　Word 2016 办公技法与应用

操作 1　制作传真封面

【学习目标】

1．学习插入符号的方法。
2．掌握设置段落缩进的方法。

【操作概述】

本操作将介绍传真封面的制作方法。该制作内容比较简单，首先设置段落缩进，然后输入文字，并依次对输入的文字进行设置，最后绘制形状、插入符号。完成后的效果如图 3-19 所示。

图 3-19　传真封面效果图

【操作步骤】

Step 01：按 Ctrl+N 组合键新建一个空白文档，在功能区的【开始】选项卡的【段落】组中单击 （启动对话框）按钮，弹出【段落】对话框，在【缩进】选项组中将【左侧】设置为【10 字符】，如图 3-20 所示。

Step 02：单击【确定】按钮，在文档中输入文字，效果如图 3-21 所示。

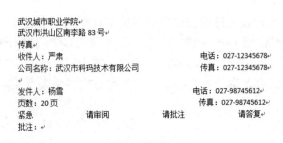

图 3-20　设置缩进　　　　　　　　　　　　图 3-21　输入文字

【知识链接】

　　传真是近二十多年发展最快的非话电信业务之一。将文字、图表、相片等记录在纸面上的静止图像，通过扫描和光电变换，变成电信号，经各类信道传送到目的地，在接收端通过一系列逆变换过程，获得与发送原稿相似记录副本的通信方式，称为传真。

　　Step 03：选择第一行文字，在【开始】选项卡的【字体】组中，将【字体】设置为【黑体】，将【字号】设置为【小三】，如图 3-22 所示。

　　Step 04：在文档中选择如图 3-23 所示的文字。

图 3-22　设置第一行文字字体　　　　　　　　　　图 3-23　选择文字

　　Step 05：在【字体】组中将【字号】设置为【小五】，效果如图 3-24 所示。

　　Step 06：在文档中选择如图 3-25 所示的文字，在【字体】组中单击【加粗】按钮。选择文字时按住 Ctrl 键，可以选择多个非连续的文字。

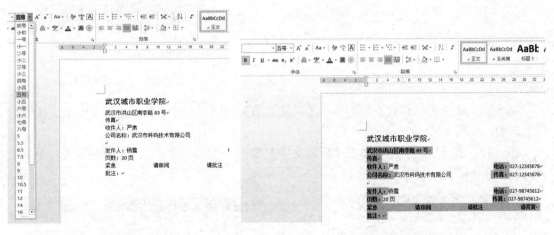

图 3-24　设置文字大小　　　　　　　　　　图 3-25　加粗文字

　　Step 07：选择第三行中文字"传真"，在【字体】组中将【字体】设置为【黑体】，将【字号】设置为【48】，如图 3-26 所示。

　　Step 08：在功能区选择【插入】选项卡，在【插图】组中单击【形状】按钮，在弹出的下拉列表中选择【矩形】选项，如图 3-27 所示。

　　Step 09：在文档中绘制矩形，如图 3-28 所示。

　　Step 10：选择此矩形，在功能区选择【绘图工具】下的【格式】选项卡，在【形状样式】组中单击【形状填充】按钮，在弹出的下拉列表中选择【黑色，文字 1】选项，如图 3-29 所示。

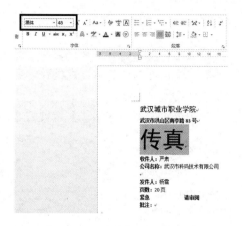

图 3-26　设置文字字体

图 3-27　选择【矩形】选项

图 3-28　绘制矩形

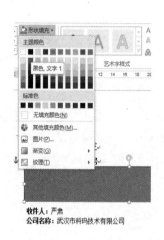

图 3-29　设置填充颜色

Step 11：在【形状样式】组中单击【形状轮廓】按钮，在弹出的下拉列表中选择【无轮廓】选项，如图 3-30 所示。

Step 12：在【排列】组中单击【环绕文字】按钮，在弹出的下拉列表中选择【衬于文字下方】选项，如图 3-31 所示。

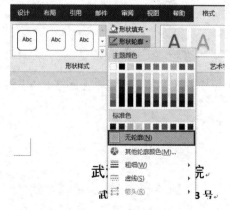

图 3-30　取消轮廓线填充

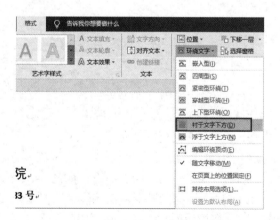

图 3-31　选择【衬于文字下方】选项

Step 13：再次选择文字"传真"，在【开始】选项卡的【字体】组中，将【字体颜色】设置为【白色】，效果如图 3-32 所示。

Step 14：在【字体】组中单击 （启动对话框）按钮，弹出【字体】对话框，切换到【高级】选项卡，在【字符间距】选项组中，将【间距】设置为【加宽】，将【磅值】设置为【6磅】，单击【确定】按钮，如图 3-33 所示。

图 3-32　更改文字颜色

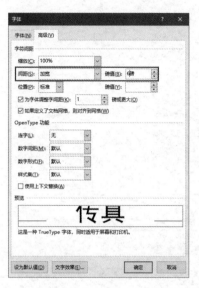

图 3-33　设置字符间距

Step 15：在文档中绘制矩形，在功能区选择【绘图工具】下的【格式】选项卡，在【形状样式】组中将填充颜色设置为【无填充颜色】，将轮廓颜色设置为【黑色】，效果如图 3-34 所示。

Step 16：在【形状样式】组中单击【形状轮廓】按钮，在弹出的下拉列表中选择【粗细】→【1.5 磅】选项，如图 3-35 所示。

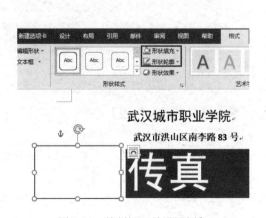

图 3-34　绘制矩形并设置颜色

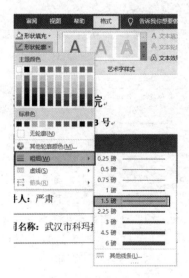

图 3-35　设置轮廓线粗细

Step 17：在功能区选择【插入】选项卡，在【文本】组中单击【文本框】按钮，在弹出的下拉列表中选择【绘制横排文本框】选项，如图 3-36 所示。

Step 18：在文档中绘制文本框并输入文字，输入完成后选择文本框，在【开始】选项卡的【字体】组中将【字号】设置为【小五】，在【段落】组中单击【居中】按钮，如图 3-37 所示。

图 3-36　选择【绘制横排文本框】选项　　　　　图 3-37　输入并设置文字

Step 19：在功能区选择【绘图工具】下的【格式】选项卡，在【形状样式】组中将填充颜色和轮廓颜色都设置为无，效果如图 3-38 所示。

Step 20：在文档中选择如图 3-39 所示的文字。

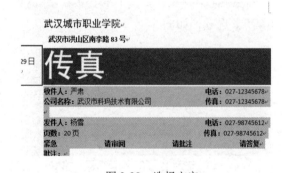

图 3-38　取消填充颜色　　　　　　　　　　图 3-39　选择文字

Step 21：在【开始】选项卡的【段落】组中单击【行和段落间距】按钮，在弹出的下拉列表中选择【2.0】选项，如图 3-40 所示。

Step 22：在功能区选择【插入】选项卡，在【插图】组中单击【形状】按钮，在弹出的下拉列表中选择【直线】选项，如图 3-41 所示。

Step 23：在文档中绘制直线，在功能区选择【绘图工具】下的【格式】选项卡，在【形状样式】组中选择【细线-深色 1】选项，如图 3-42 所示。

Step 24：使用同样的方法，继续在文档中绘制直线，并设置直线样式，效果如图 3-43 所示。

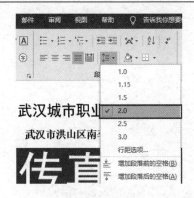

图 3-40　设置间距

图 3-41　选择【直线】选项

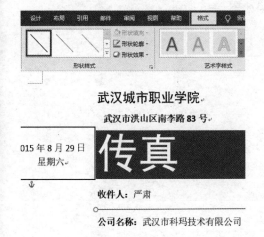

图 3-42　设置直线样式

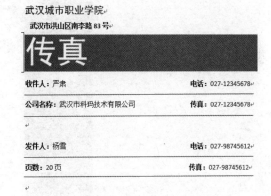

图 3-43　绘制并设置直线样式

Step 25：将光标置于文字"紧急"的左侧，在功能区选择【插入】选项卡，在【符号】组中单击【符号】按钮，在弹出的下拉列表中选择【空心方形】选项，即可插入符号，如图 3-44 所示。

Step 26：使用同样的方法，在其他文字左侧插入符号，效果如图 3-45 所示。

图 3-44　插入符号

图 3-45　给其他文字左侧插入符号

操作2　制作个人简历

【学习目标】

1．学习设置页边距的方法。
2．掌握设置段落间距的方法。

【操作概述】

个人简历是求职者给招聘单位发的一份简要介绍，包含自己的基本信息、自我评价、工作经历、学习经历及求职愿望等。一份良好的个人简历对于获得面试机会至关重要。本操作就来介绍一下个人简历的制作方法，完成后的效果如图 3-46 所示。

图 3-46　个人简历效果图

【操作步骤】

Step 01：按 Ctrl+N 组合键新建一个空白文档，在功能区选择【布局】选项卡，在【页面设置】组中单击 📭（启动对话框）按钮，弹出【页面设置】对话框，切换到【页边距】选项卡，在【页边距】选项组中，将【上】、【下】、【左】、【右】4 个微调框都设置为【1.27 厘米】，单击【确定】按钮，如图 3-47 所示。

【知识链接】

页边距是指页面四周的空白区域，也就是正文与页边界的距离，一般可在页边距内部的可打印区域中插入文字、图形和页眉、页脚、页码等。整个页面的大小在选择纸张后已经固定了，然后即可确定正文所占区域的大小。确定了正文区域的大小，就可以设置正文到页面边界间的区域大小。

Step 02：在【页面设置】组中单击【栏】按钮，在弹出的下拉列表中选择【偏左】选项，如图 3-48 所示。

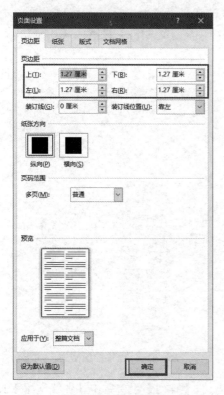

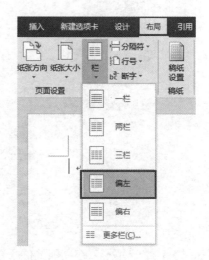

图 3-47 设置页边距   图 3-48 设置分栏

Step 03：在功能区选择【插入】选项卡，在【插图】组中单击【形状】按钮，在弹出的下拉列表中选择【矩形】选项，然后在文档中绘制矩形，如图 3-49 所示。

Step 04：在功能区选择【绘图工具】下的【格式】选项卡，在【形状样式】组中单击【形状填充】按钮，在弹出的下拉列表中选择【其他填充颜色】选项，如图 3-50 所示。

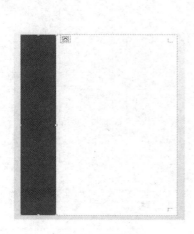

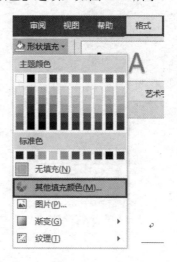

图 3-49 绘制矩形   图 3-50 选择【其他填充颜色】选项

Step 05：此时弹出【颜色】对话框，在【标准】选项卡中单击选择如图 3-51 所示的颜色，并单击【确定】按钮，即可为绘制的矩形填充该颜色。

Step 06：在功能区的【格式】选项卡的【形状样式】组中单击 ⬚ （启动对话框）按钮，弹出【设置形状格式】任务窗格，在【填充】选项组中将【透明度】设置为【12%】，在【线条】选项组中选择【无线条】选项，如图3-52所示。

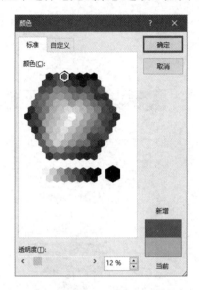

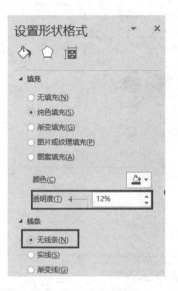

图3-51　选择颜色　　　　　　　　　　图3-52　设置形状格式

Step 07：选择矩形，在功能区的【格式】选项卡的【排列】组中单击【环绕文字】按钮，在弹出的下拉列表中选择【衬于文字下方】选项，如图3-53所示。

Step 08：选择【插入】选项卡，在【文本】组中单击【文本框】按钮，在弹出的下拉列表中选择【绘制横排文本框】选项，如图3-54所示。

图3-53　选择【衬于文字下方】选项　　　　图3-54　选择【绘制横排文本框】选项

Step 09：在文档中绘制文本框并输入文字，输入完成后选择文本框，然后在功能区选择

【绘图工具】下的【格式】选项卡，在【形状样式】组中将填充颜色和轮廓颜色都设置为无，如图 3-55 所示。

Step 10：选择【开始】选项卡，在【字体】组中将【字体】设置为【黑体】，【字号】设置为【小初】，将【字体颜色】设置为【白色】，如图 3-56 所示。

图 3-55　设置文本框颜色

图 3-56　设置文字格式

Step 11：使用同样的方法，继续绘制文本框并输入文字，然后对文本框和文字进行设置，效果如图 3-57 所示。

Step 12：选择【插入】选项卡，在【插图】组中单击【形状】按钮，在弹出的下拉列表中选择【矩形】选项，在文档中绘制矩形，如图 3-58 所示。

图 3-57　绘制文本框并输入文字

图 3-58　绘制矩形

Step 13：在功能区选择【绘图工具】下的【格式】选项卡，在【形状样式】组中将【形状填充】设置为【白色】，将【形状轮廓】设置为无，效果如图 3-59 所示。

Step 14：选择【插入】选项卡，在【插图】组中单击【图片】按钮，弹出【插入图片】对话框，在该对话框中选择素材图片"个人信息.jpg"，单击【插入】按钮，即可将选择的图片插入至文档中，如图 3-60 所示。

Step 15：选择图片，在功能区选择【图片工具】下的【格式】选项卡，在【排列】组中单击【环绕文字】按钮，在弹出的下拉列表中选择【浮于文字上方】选项，如图 3-61 所示。

Step 16：在【大小】组中将【形状高度】和【形状宽度】均设置为【0.8 厘米】，然后在文档中调整其位置，效果如图 3-62 所示。

图 3-59　设置矩形颜色

图 3-60　选择素材图片

图 3-61　选择【浮于文字上方】选项

图 3-62　调整图片大小和位置

　　Step 17：绘制文本框并输入文字，将文本框的填充颜色和轮廓颜色都设置为无，在【开始】选项卡的【字体】组中，将文字的【字体】设置为【黑体】，【字号】设置为【四号】，【字体颜色】设置为【白色】，效果如图 3-63 所示。

　　Step 18：结合前面介绍的方法，继续绘制文本框并输入文字，然后对文本框、字体、字号、字体颜色和段落间距进行设置，并插入素材图片，效果如图 3-64 所示。

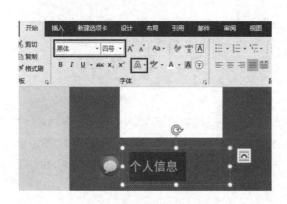

图 3-63　输入并设置文字格式

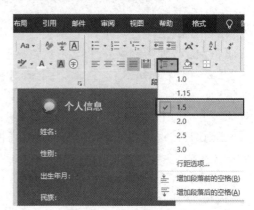

图 3-64　制作其他内容

Step 19：将光标置于文档中如图 3-65 所示的位置。

Step 20：在【开始】选项卡的【段落】组中单击 （启动对话框）按钮，弹出【段落】对话框，切换到【缩进和间距】选项卡，在【间距】选项组中将【段后】设置为【50 行】，单击【确定】按钮，如图 3-66 所示。

图 3-65　指定光标位置　　　　　　　　　　图 3-66　设置段后间距

Step 21：按一下空格键，再按 Enter 键，此时光标会移至如图 3-67 所示的位置。

Step 22：在【开始】选项卡的【段落】组中单击 （启动对话框）按钮，弹出【段落】对话框，在【缩进】选项组中将【左侧】设置为【6 字符】，单击【确定】按钮，如图 3-68 所示。

图 3-67　移动光标位置　　　　　　　　　　图 3-68　设置左侧缩进

Step 23：在文档中输入文字，选择输入的文字，在【开始】选项卡的【字体】组中，将【字体】设置为【黑体】，将【字号】设置为【四号】，将【字体颜色】设置为如图 3-69 所示的颜色。

Step 24：选择【插入】选项卡，在【插图】组中单击【图片】按钮，弹出【插入图片】对话框，在该对话框中选择素材图片"求职意向.jpg"，单击【插入】按钮，即可将选择的素材图片插入至文档中，如图 3-70 所示。

图 3-69　输入并设置文字格式

图 3-70　选择素材图片

Step 25：选择图片，在功能区选择【图片工具】下的【格式】选项卡，在【排列】组中单击【环绕文字】按钮，在弹出的下拉列表中选择【浮于文字上方】选项，如图 3-71 所示。

Step 26：在【大小】组中将【形状高度】和【形状宽度】均设置为【0.9 厘米】，并在文档中调整其位置，效果如图 3-72 所示。

图 3-71　选择【浮于文字上方】选项

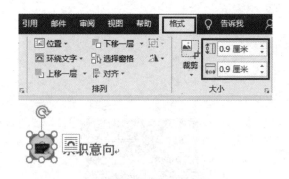

图 3-72　调整图片大小和位置

Step 27：将光标置于文字"求职意向"的右侧，在【开始】选项卡的【段落】组中单击 ⬚（启动对话框）按钮，弹出【段落】对话框，在【间距】选项组中将【段后】设置为【0 行】，单击【确定】按钮，如图 3-73 所示。

Step 28：按 Enter 键另起一行，在【开始】选项卡的【段落】组中单击 ⬚（启动对话框）按钮，弹出【段落】对话框，在【缩进】选项组中将【左侧】设置为【4 字符】，单击【确定】

按钮，如图 3-74 所示。

图 3-73　设置段后间距

图 3-74　设置左侧缩进

Step 29：在功能区选择【插入】选项卡，在【表格】组中单击【表格】按钮，在弹出的下拉列表中选择 3 行网格，即可在文档中插入一个 3 行 1 列的表格，如图 3-75 所示。

Step 30：选择表格，在功能区选择【表格工具】下的【布局】选项卡，在【单元格大小】组中将【宽度】设置为【10 厘米】，如图 3-76 所示。

图 3-75　插入表格

图 3-76　设置表格列宽

除了上述方法，用户还可以选择【插入表格】或【绘制表格】命令，也可以创建表格。

Step 31：在文档中选择已插入的表格，在功能区选择【表格工具】下的【设计】选项卡，在【边框】组中单击 【边框】按钮，在弹出的下拉列表中取消选中【上框线】选项，如图 3-77 所示。

Step 32：单击【边框】按钮，在弹出的下拉列表中取消选中【左框线】和【右框线】选项，如图 3-78 所示。

Step 33：将光标置于第一个单元格中，在【边框】组中单击【笔颜色】按钮，在弹出的下拉列表中选择颜色【白色，背景 1，深色 50%】，如图 3-79 所示。

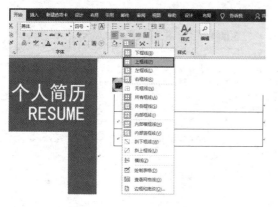

图 3-77　取消上框线显示　　　　　　图 3-78　取消左、右框线显示

Step 34：在【边框】组中单击【边框】按钮，在弹出的下拉列表中取消选中【下框线】选项，即可为单元格的下框线填充该颜色，如图 3-80 所示。

图 3-79　选择颜色　　　　　　　　　图 3-80　更改下框线颜色

Step 35：使用同样的方法，更改其他单元格的下框线颜色，效果如图 3-81 所示。
Step 36：结合前面介绍的方法制作其他内容，效果如图 3-82 所示。

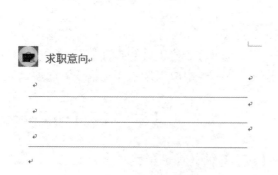

图 3-81　更改单元格下框线颜色　　　　图 3-82　制作其他内容

Step 37：在如图 3-83 所示的单元格中输入内容。

Step 38：选择文字所在的单元格，然后选择【开始】选项卡，在【字体】组中将【字体】设置为【微软雅黑】，将【字号】设置为【10】号，将【字体颜色】设置为【灰色 25%，背景 2，深色 75%】，在【段落】组中单击【居中】按钮，效果如图 3-84 所示。

图 3-83　输入内容

图 3-84　设置文字格式

【知识链接】

段落的水平对齐方式是指段落中的文字在水平方向排列对齐的基准，包括两端对齐、文本右对齐、分散对齐、文本左对齐、居中五种。

两端对齐：指段落中除最后一行文本外，其他行文本的左右两端分别向左右边界对齐。对于纯中文的文本来说，两端对齐方式与左对齐方式没有太大的差别。但如果文档中含有英文单词，左对齐方式可能会使文本的右边缘参差不齐。

文本右对齐：将选定的段落向文档的右边界对齐。

分散对齐：将段落所有行的文本（包括最后一行）字符等距离分布在左右文本边界之间。

文本左对齐：将段落中每行文本都向文档的左边界对齐。

居中：将选定的段落放在页面的中间。

Step 39：将光标置于单元格中，如图 3-85 所示，在功能区选择【表格工具】下的【设计】选项卡，在【表格样式】组中单击【底纹】按钮，在弹出的下拉列表中选择【蓝色，着色 5，淡色 80%】选项，即可为单元格填充选择的颜色。

Step 40：使用同样的方法，在其他单元格中输入文字并设置填充颜色，如图 3-86 所示。

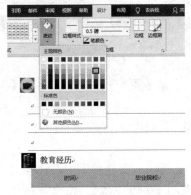

图 3-85　为单元格填充颜色

图 3-86　制作其他内容

操作 3 制作公司信纸

【学习目标】

1. 学习设置文档的页眉和页脚。
2. 掌握绘制矩形的方法。

【操作概述】

本操作将介绍公司信纸的制作方法。首先设置文档的页眉，输入文字并设置文字样式，然后插入素材图片，绘制矩形并设置矩形的填充颜色，最后使用相同的方法设置页脚。完成后的效果如图 3-87 所示。

图 3-87 公司信纸效果图

【操作步骤】

Step 01：启动 Word 2016，在启动界面中单击【空白文档】选项，新建文档，如图 3-88 所示。

Step 02：在功能区选择【插入】选项卡，在【页眉和页脚】组中单击【页眉】按钮，在弹出的下拉列表中选择第一种页眉类型，如图 3-89 所示。

Step 03：在页眉位置输入文字，如图 3-90 所示。

Step 04：将光标插入到文字的左侧，在功能区选择【插入】选项卡，单击【插图】组中的【图片】按钮，如图 3-91 所示。

Step 05：在弹出的【插入图片】对话框中，选择"公司图标.jpg"素材图片，然后单击【插入】按钮，如图 3-92 所示。

Step 06：选中插入的图片，在【图片工具】下的【格式】选项卡中，将【大小】组中的【形状高度】设置为【0.63 厘米】，【形状宽度】设置为【0.86 厘米】，如图 3-93 所示。

图 3-88　新建文档

图 3-89　选择页眉类型

图 3-90　输入文字

图 3-91　插入图片

图 3-92　选择图片

图 3-93　设置图片大小

Step 07：选择输入的文字，将【字体】设置为【汉仪综艺体简】，【字号】设置为【小三】，然后设置字体颜色，如图 3-94 所示。

Step 08：在功能区选择【插入】选项卡，在【插图】组中单击【形状】按钮，在弹出的下拉列表中选择【矩形】，如图 3-95 所示。

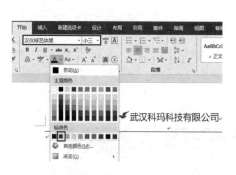

图 3-94　设置文字格式

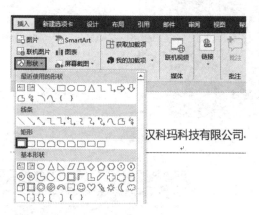

图 3-95　选择【矩形】

在绘制形状时，可以按住 Shift 键进行绘制，这样可以绘制等比例形状，如绘制矩形时，按住 Shift 键可以绘制正方形。对于一些线类，在绘制过程中按住 Shift 键，可以绘制垂直或水平的线。

Step 09：在适当位置绘制一个矩形，在【格式】选项卡中，将【大小】组中的【形状高度】设置为【0.13 厘米】，【形状宽度】设置为【4.15 厘米】，如图 3-96 所示。

Step 10：在矩形上右击，在弹出的快捷菜单中选择【设置形状格式】命令，如图 3-97 所示。

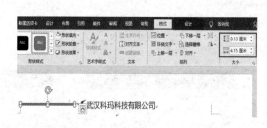

图 3-96　设置矩形高度、宽度

图 3-97　选择【设置形状格式】命令

Step 11：在【设置形状格式】任务窗格的【填充】选项组中选择【渐变填充】选项，然后设置渐变填充颜色，如图 3-98 所示。

Step 12：在【线条】选项组中选择【无线条】选项，如图 3-99 所示。

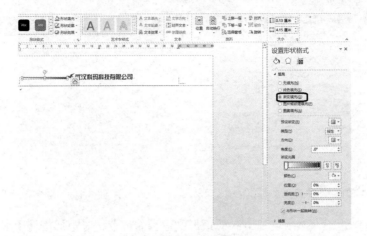

图 3-98　设置渐变填充颜色

图 3-99　选择【无线条】选项

Step 13：复制矩形，然后调整复制的矩形到适当的位置，在【格式】选项卡的【排列】组中，单击【旋转】按钮，在弹出的下拉列表中选择【水平翻转】选项，如图 3-100 所示。

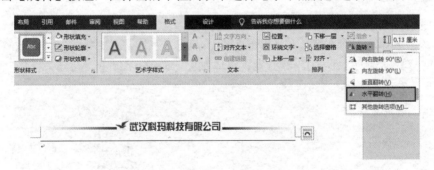

图 3-100　选择【水平翻转】选项

Step 14：将光标插入到页脚中，然后在【开始】选项卡中单击【段落】组中的【居中】按钮，如图 3-101 所示。

Step 15：将页眉中的素材图片和矩形复制到页脚处，并调整其位置，如图 3-102 所示。

Step 16：在功能区的【格式】选项卡中，将【大小】组中的【形状宽度】设置为【6.85 厘米】。在【设置形状格式】任务窗格中，选择【渐变光圈】的第 2 个颜色色块，将其【位置】设置为【22%】，如图 3-103 所示。

图 3-101　设置居中对齐　　　　　　　　　　　　　图 3-102　复制图片和形状

Step 17：复制矩形，然后调整复制的矩形到适当的位置，对矩形执行【水平翻转】命令，如图 3-104 所示。

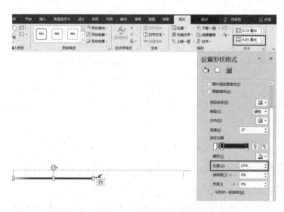

图 3-103　设置矩形格式　　　　　　　　　　　　　图 3-104　复制矩形并进行水平翻转

Step 18：按 Enter 键进行换行，在下一行中输入文字，如图 3-105 所示。

Step 19：选择输入的文字，在【开始】选项卡的【字体】组中将【字体】设置为【微软雅黑】，【字号】设置为【小五】，然后设置字体颜色，如图 3-106 所示。

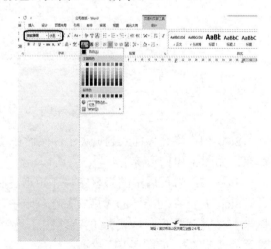

图 3-105　输入文字　　　　　　　　　　　　　　图 3-106　设置文字格式

Step 20：在功能区的【设计】选项卡中，单击【关闭】组中的【关闭页眉和页脚】按钮，退出页眉、页脚的编辑模式，如图 3-107 所示。

图 3-107　单击【关闭页眉和页脚】按钮

操作 4　制作项目合作建设协议书

【学习目标】

1．学习设置段落格式的方法。
2．掌握设置段落编号的方法。

【操作概述】

本操作将介绍项目合作建设协议书的制作方法，首先设置标题的格式，然后设置正文文字的段落格式和编号。完成后的效果如图 3-108 所示。

图 3-108　项目合作建设协议书效果图

【操作步骤】

Step 01：启动 Word 2016，在启动界面选择【打开其他文档】，如图 3-109 所示。

Step 02：选择【计算机】选项，单击【浏览】按钮，如图 3-110 所示。

Step 03：在弹出的【打开】对话框中，选择"项目合作开发建设协议书（未编辑）.docx"素材文档，然后单击【打开】按钮，如图 3-111 所示。

Step 04：打开素材文档后，选中标题文字，在【开始】选项卡的【字体】组中，将【字号】设置为【一号】，单击【加粗】按钮，如图 3-112 所示。

图 3-109　选择【打开其他文档】

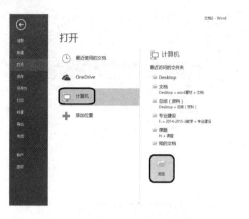

图 3-110　单击【浏览】按钮

图 3-111　选择素材文档

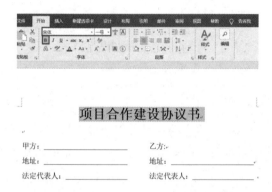

图 3-112　设置标题文字格式

Step 05：在【开始】选项卡中单击【段落】组右下角的 ⌐（启动对话框）按钮，在弹出的【段落】对话框中，将【对齐方式】设置为【居中】，【行距】设置为【多倍行距】，【设置值】设置为【4.75】，然后单击【确定】按钮，如图 3-113 所示。

Step 06：将光标插入到第 2 行文字的前面，然后按住 Shift 键，单击正文的结尾处，选择文本，如图 3-114 所示。

图 3-113　【段落】对话框

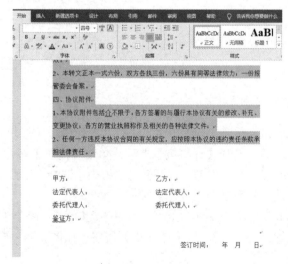

图 3-114　选择文本

用户在选择文本时，按住 Shift 键在文档的某一位置单击，在不松开 Shift 键的情况下单击文档的另一位置，两个位置之间的区域将会被选中。如果要选择全部内容，则可以按下 Ctrl+A 组合键，将选择全部内容。

Step 07：在【开始】选项卡中单击【段落】组右下角的 ⌐（启动对话框）按钮，在弹出的【段落】对话框中，将【特殊格式】设置为【首行】缩进，【缩进值】设置为【2 字符】，【行距】设置为【多倍行距】，【设置值】设置为【1.7】，然后单击【确定】按钮，如图 3-115 所示。

Step 08：选择"1）坐落地点：北碚区……平方米（16 亩）合作建设。"3 段文字，单击【段落】组中的【编号】右侧的下拉按钮，在弹出的下拉列表中选择如图 3-116 所示的编号样式。

图 3-115　【段落】对话框

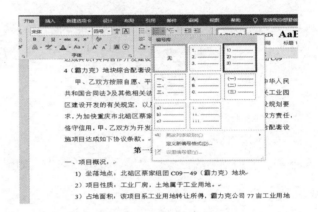

图 3-116　设置编号样式

Step 09：在【开始】选项卡中单击【段落】组右下角的 ⌐（启动对话框）按钮，在弹出的【段落】对话框中，将【缩进】组中的【左侧】设置为【1.38 字符】，【缩进值】设置为【0.63 字符】，然后单击【确定】按钮，如图 3-117 所示。

Step 10：选中编号段落，在【开始】选项卡中单击【剪贴板】组中的【格式刷】按钮，然后选择"项目报批现状……（相关权属证明或相关批文见附件）。"5 段文字，为其设置编号格式，如图 3-118 所示。

图 3-117　【段落】对话框

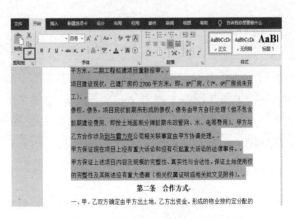

图 3-118　设置编号格式

Step 11：在编号段落上右击，在弹出的快捷菜单中选择【重新开始于1】命令，如图 3-119 所示。

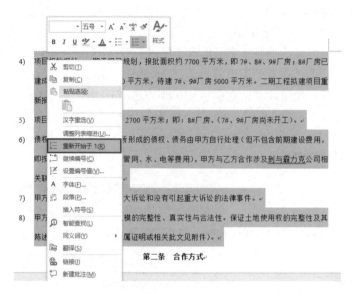

图 3-119　重新开始编号

Step 12：使用相同的方法设置编号段落的缩进，如图 3-120 所示。

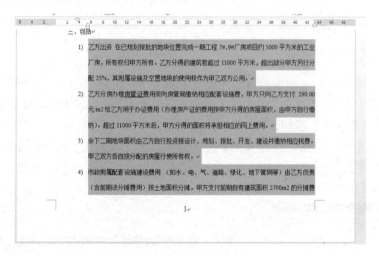

图 3-120　设置编号段落的缩进

Step 13：选择协议书最后几段文字，如图 3-121 所示。

Step 14：单击【段落】组右下角的 按钮（启动对话框）按钮，在弹出的【段落】对话框中，将【特殊格式】设置为【首行】缩进，【缩进值】设置为【2 字符】，【行距】设置为【多倍行距】，【设置值】设置为【3】，然后单击【确定】按钮，如图 3-122 所示。

【知识链接】

段落缩进是指改变文本和页边距之间的距离，使文档段落更加清晰、易读。在 Word 中，段落缩进一般包括首行缩进、悬挂缩进、左缩进和右缩进。

首行缩进：控制段落的第一行第一个字的起始位置。

悬挂缩进：控制段落中第一行以外的其他行的起始位置。

左缩进：控制段落左边界的位置。

右缩进：控制段落右边界的位置。

图 3-121　选择文字　　　　　　　　　图 3-122　【段落】对话框

Step 15：在功能区单击【文件】按钮，在弹出的窗口中选择【另存为】→【计算机】，然后单击【浏览】按钮，如图 3-123 所示。

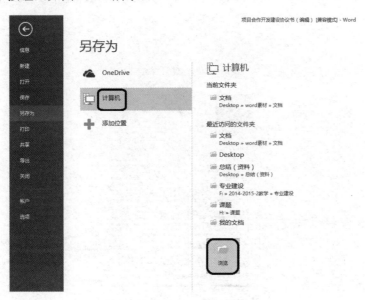

图 3-123　单击【浏览】按钮

Step 16：在弹出的【另存为】对话框中，选择文件的保存位置，然后单击【保存】按钮，如图 3-124 所示。

图 3-124　保存文件

操作 5　制作研究报告

【学习目标】

1．学习设置文字样式的方法。
2．掌握插入尾注的方法。

【操作概述】

　　本操作将介绍研究报告的制作方法。首先设置标题格式，然后编辑文本，主要包括分栏、设置文字样式和插入尾注等，最后插入素材图片，并对素材图片进行设置。完成后的效果如图 3-125 所示。

图 3-125　研究报告效果图

【操作步骤】

Step 01：启动 Word 2016，单击【空白文档】选项，新建文档，如图 3-126 所示。

首次启动 Word 时，会自动显示模板列表。可以在【搜索联机模板】搜索框中输入内容，搜索出更多模板。要快速访问常用模板，请单击搜索框下方的关键字。

单击选择一个模板后，在弹出的预览窗口中，双击缩略图或单击【创建】按钮，基于该模板启动新文档。

Step 02：在空白文档中输入内容，如图 3-127 所示。

图 3-126 新建文档

图 3-127 输入内容

Step 03：选择标题，如图 3-128 所示，在功能区选择【开始】选项卡，在【字体】组中将【字体】设为【宋体】、【字号】设为【二号】、【字体颜色】设为【深蓝】，单击【加粗】按钮，在【段落】组中设置【居中】对齐，如图 3-129 所示。

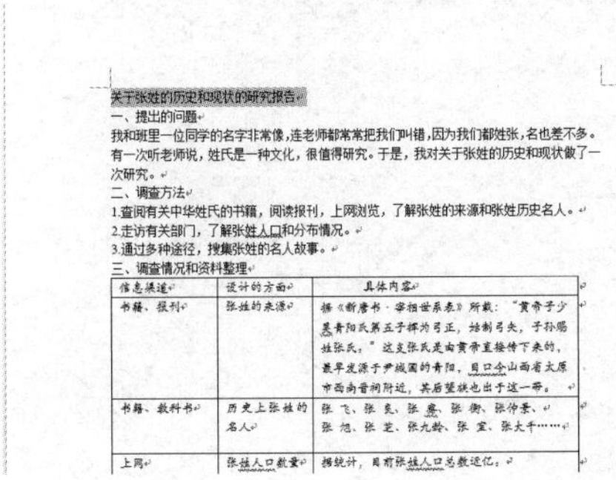

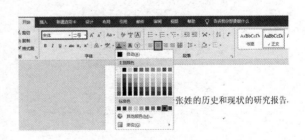

图 3-128 选择标题

图 3-129 设置标题格式

Step 04：完成标题的设置，如图 3-130 所示。

Step 05：输入文字"张张"，将其选中，如图 3-131 所示。

Step 06：在功能区选择【开始】选项卡，在【样式】组中选择【副标题】选项，如图 3-132 所示。

Step 07：完成副标题的设置，如图 3-133 所示。

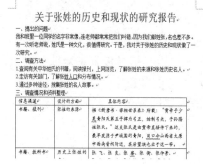

图 3-130　标题效果

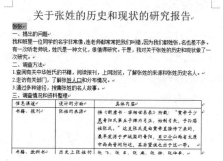

图 3-131　选中文字

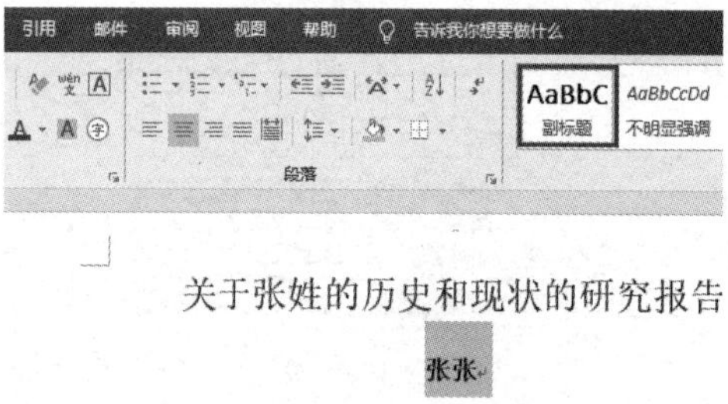

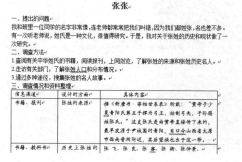

关于张姓的历史和现状的研究报告

张张

图 3-132　设置副标题

图 3-133　完成副标题设置

Step 08：选择如图 3-134 所示的文本，在功能区选择【布局】选项卡，单击【页面设置】组的【栏】按钮，在弹出的下拉列表中选择【两栏】选项，如图 3-135 所示。

图 3-134　选择文本

图 3-135　设置为两栏

Step 09：设置两栏后的效果如图 3-136 所示。

Step 10：选择如图 3-137 所示的文本，在功能区选择【开始】选项卡，将【字体】设为【华文楷体】，【字号】设为【五号】，如图 3-138 所示。

Step 11：选择如图 3-137 所示的文本并右击，在弹出的快捷菜单中选择【段落】命令，如图 3-139 所示。

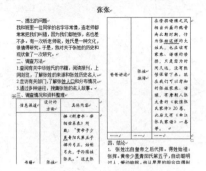

图 3-136　两栏效果

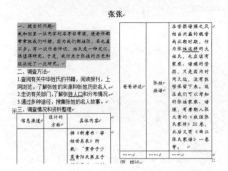

图 3-137　选择文本

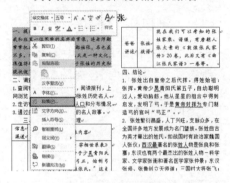

图 3-139　段落设置

图 3-138　设置字体

Step 12：弹出【段落】对话框，在【缩进】选项组中，设置【特殊格式】为【首行】缩进，【缩进值】为【2 字符】，单击【确定】按钮，如图 3-140 所示。

Step 13：完成段落设置，如图 3-141 所示。

图 3-140　设置缩进

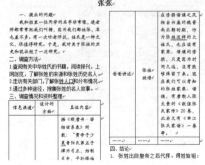

图 3-141　完成段落设置效果

Step 14：选择如图 3-142 所示的段落，在功能区选择【开始】选项卡，在【样式】组中单击 🔲 按钮，如图 3-143 所示。

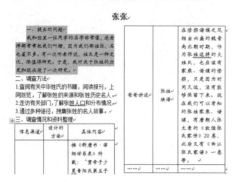

图 3-142　选择段落　　　　　　　　　　　　　　图 3-143　单击 🔲 按钮

Step 15：在展开的下拉列表中选择【创建样式】选项，如图 3-144 所示；在弹出的对话框中输入新样式名称【书面】，如图 3-145 所示。

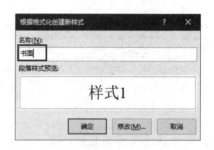

图 3-144　创建样式　　　　　　　　　　　　　　图 3-145　输入样式名

Step 16：单击【确定】按钮，完成样式的创建。

Step 17：选择如图 3-146 所示的文本，在功能区选择【开始】选项卡，在【样式】组中选择【书面】样式，如图 3-147 所示。

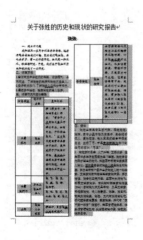

图 3-146　选择文本　　　　　　　　　　　　　　图 3-147　选择样式

Step 18：应用样式，效果如图 3-148 所示。

Step 19：在文本下方的新段落中，输入文本"关于张姓的历史和现状的补充说明："，如图 3-149 所示。

图 3-148　样式效果

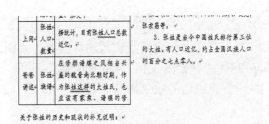

图 3-149　输入文本

Step 20：选择刚输入的文本，在【开始】选项卡的【字体】组中将【字体】设为【宋体】、【字号】设为【小四】，并单击【加粗】按钮，如图 3-150 所示；完成设置，如图 3-151 所示。

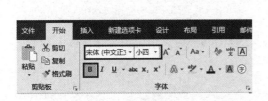

图 3-150　设置字体

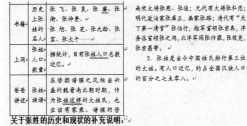

图 3-151　字体效果

Step 21：将光标置于如图 3-152 所示的位置，在功能区选择【引用】选项卡，单击【脚注】组中的【插入尾注】按钮，如图 3-153 所示；完成尾注的插入，如图 3-154 所示。

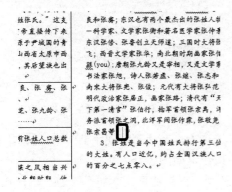

图 3-152　放置光标

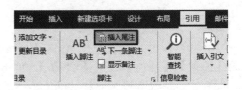

图 3-153　插入尾注

Step 22：在下面一段的末尾也插入尾注，如图 3-155 所示。

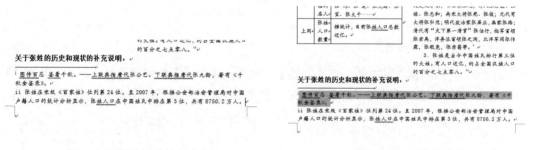

图 3-154　插入尾注　　　　　　　　　图 3-155　插入其他尾注

Step 23：在文档中为尾注输入注释内容，如图 3-156 所示。

Step 24：选择如图 3-157 所示的文本，设置所选文本的【字体】为【幼圆】、【字号】为【小五】，设置完成后的效果如图 3-158 所示。

图 3-156　输入尾注注释内容　　　　　　图 3-157　选择文本

Step 25：选择如图 3-159 所示的文本并右击，在弹出的快捷菜单中选择【字体】命令。

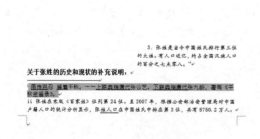

图 3-158　设置字体格式　　　　　　　　图 3-159　选择【字体】命令

Step 26：弹出【字体】对话框，切换到【高级】选项卡。在【字符间距】组中，【间距】设为【加宽】、【磅值】设为【1.5 磅】，单击【确定】按钮，如图 3-160 所示。

Step 27：选择刚设置完格式的文本，如图 3-161 所示；根据所选文本的格式创建新样式，样式名为【尾注】。

图 3-160　设置间距

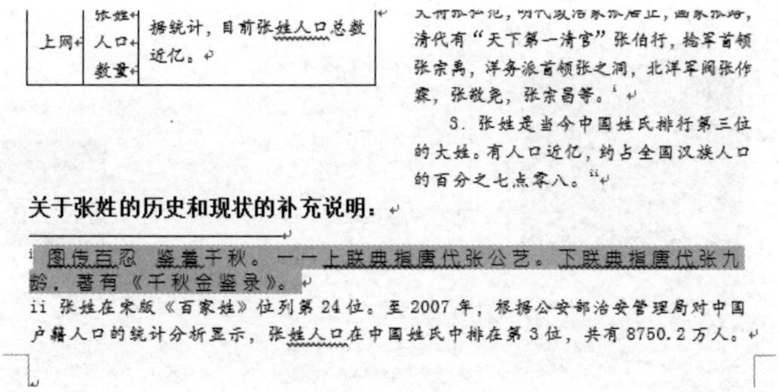

图 3-161　选择文本

Step 28：对文档最下边的两段注释文本应用样式，样式选择刚创建的【尾注】，完成样式的应用，如图 3-162 所示。

Step 29：将光标置于文档第一段的开始，如图 3-163 所示。

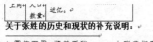

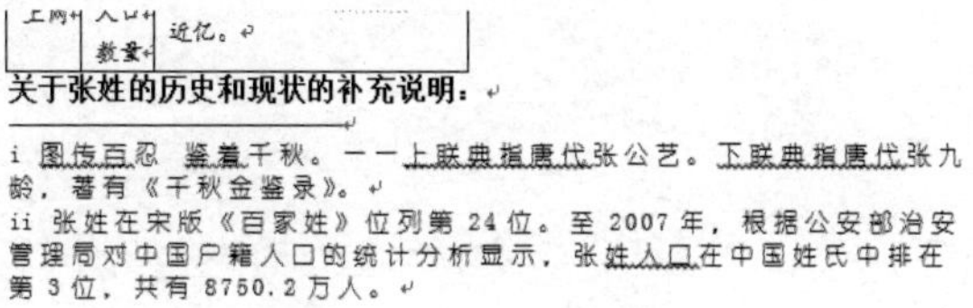

图 3-162　应用样式

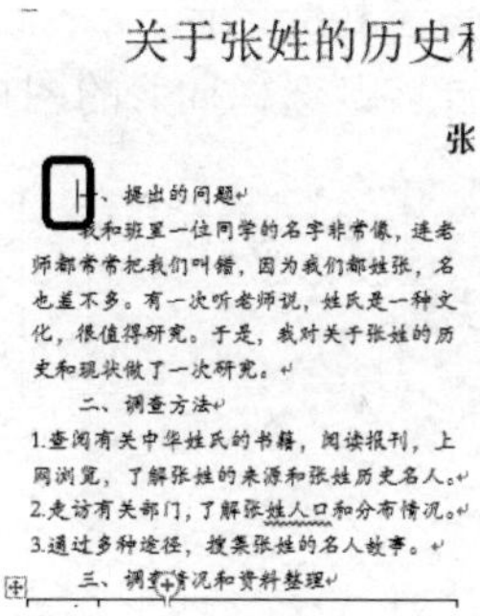

图 3-163　放置光标

Step 30：在功能区选择【插入】选项卡，单击【插图】组中的【图片】按钮，如图 3-164 所示。

Step 31：弹出【插入图片】对话框，在该对话框中选择"张氏族谱.jpg"素材图片，如图 3-165 所示。

图 3-164　单击【图片】按钮

图 3-165　选择图片

Step 32：单击【插入】按钮，完成图片的插入，如图 3-166 所示。

Step 33：调整图片的大小，如图 3-167 所示。

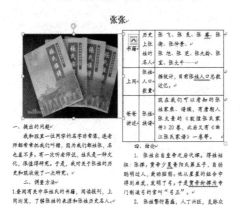

图 3-166　插入图片效果　　　　　　　　　　图 3-167　调整图片大小

Step 34：右击插入的图片，在弹出的快捷菜单中依次选择【环绕文字】→【四周型】命令，如图 3-168 所示。

Step 35：选择插入的图片，按键盘上的方向键微调图片的位置，如图 3-169 所示。

图 3-168　选择图片环绕方式　　　　　　　　图 3-169　调整图片位置

操作 6　制作课程表

【学习目标】

1. 学习设置文字间距的方法。

2. 掌握插入并设置表格的方法。

【操作概述】

本操作将介绍课程表的制作方法。首先输入并设置标题，然后插入表格，并对表格进行设置，包括设置单元格大小、对齐方式和合并单元格等，最后制作背景。完成后的效果如图 3-170 所示。

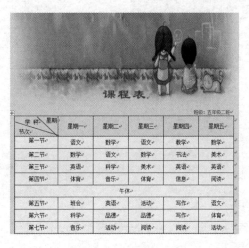

图 3-170　课程表效果图

【操作步骤】

Step 01：按 Ctrl+N 组合键新建一个空白文档，然后在文档中输入文字，如图 3-171 所示。

Step 02：选择文字"课程表"，在【开始】选项卡的【字体】组中，将【字体】设置为【方正隶书简体】，将【字号】设置为【一号】，单击【文本效果和版式】按钮，在弹出的下拉列表中选择【填充-蓝色，着色 1，阴影】选项，如图 3-172 所示。

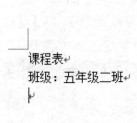

图 3-171　输入文字　　　　　　　　　　　　图 3-172　设置文字格式

Step 03：在【字体】组中单击【字体颜色】按钮右侧的 ▾ 按钮，在弹出的下拉列表中选择【蓝色】，如图 3-173 所示。

Step 04：在【字体】组中单击 ▣（启动对话框）按钮，弹出【字体】对话框，切换到【高级】选项卡，在【字符间距】选项组中将【间距】设置为【加宽】，将【磅值】设置为【1.4

磅】，单击【确定】按钮，即可设置字符间距，如图 3-174 所示。

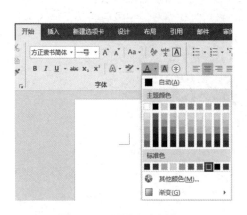

图 3-173　设置文字颜色　　　　　　　　图 3-174　设置字符间距

Step 05：在【开始】选项卡的【段落】组中单击【居中】按钮，如图 3-175 所示。

Step 06：选择文字"班级：五年级二班"，在【字体】组中将【字体】设置为【宋体】，【字号】设置为【小五】，【字体颜色】设置为【蓝色】，在【段落】组中单击【文本右对齐】按钮，如图 3-176 所示。

图 3-175　设置对齐方式　　　　　　　　图 3-176　设置文字

Step 07：将光标置于第三行中，在功能区选择【插入】选项卡，在【表格】组中单击【表格】按钮，在弹出的下拉列表中选择【插入表格】命令，如图 3-177 所示。

Step 08：弹出【插入表格】对话框，将【列数】设置为【6】，将【行数】设置为【9】，单击【确定】按钮，即可在文档中插入表格，如图 3-178 所示。

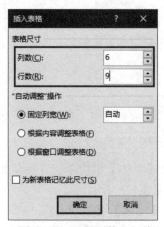

图 3-177　选择【插入表格】命令　　　　图 3-178　设置列数和行数

Step 09：将光标置于第一个单元格中，在功能区选择【表格工具】下的【布局】选项卡，在【单元格大小】组中将【高度】设置为【1.37 厘米】，将【宽度】设置为【3 厘米】，如图 3-179 所示。

Step 10：在文档中选择如图 3-180 所示的单元格，在【单元格大小】组中将【高度】设置为【0.8 厘米】。

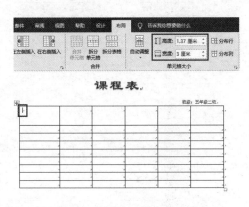

图 3-179　设置单元格高度、宽度

图 3-180　设置单元格行高

Step 11：在文档中选择除第一列以外的所有单元格并右击，在弹出的快捷菜单中选择【平均分布各列】命令，如图 3-181 所示。

Step 12：选择整个表格，在【对齐方式】组中单击【水平居中】按钮，如图 3-182 所示。

图 3-181　选择【平均分布各列】命令

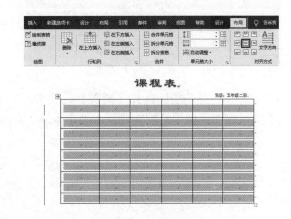

图 3-182　设置对齐方式

Step 13：选择第六行的所有单元格，在【合并】组中单击【合并单元格】按钮，即可将选择的单元格合并，如图 3-183 所示。

Step 14：在表格中输入内容，效果如图 3-184 所示。

Step 15：在功能区选择【插入】选项卡，在【插图】组中单击【形状】按钮，在弹出的下拉列表中选择【直线】选项，如图 3-185 所示。

Step 16：在第一个单元格中绘制两条直线，效果如图 3-186 所示。

Step 17：选择新绘制的两条直线，然后在功能区选择【绘图工具】下的【格式】选项卡，在【形状样式】组中选择样式【细线-深色 1】，如图 3-187 所示。

图 3-183　合并单元格

图 3-184　输入内容

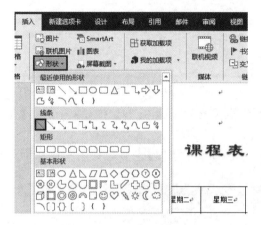

图 3-185　选择【直线】选项

图 3-186　绘制直线

Step 18：在功能区选择【插入】选项卡，在【文本】组中单击【文本框】按钮，在弹出的下拉列表中选择【绘制横排文本框】选项，如图 3-188 所示。

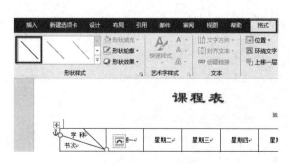

图 3-187　设置直线样式

图 3-188　选择【绘制横排文本框】选项

由于文本框的使用比较灵活、方便，所以在实际操作过程中文本框经常会被用到。

Step 19：在第一个单元格中绘制文本框并输入文字，输入完成后选择【绘图工具】下的【格式】选项卡，在【形状样式】组中将填充颜色和轮廓颜色都设置为无，如图 3-189 所示。

Step 20：使用同样的方法，继续绘制文本框并输入文字，然后对文本框进行设置，效果如图 3-190 所示。

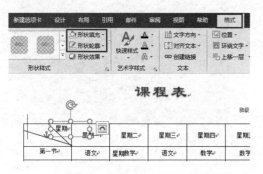

图 3-189 设置文本框颜色　　　　　　　　　图 3-190 绘制文本框并输入文字

Step 21：选择【插入】选项卡，在【插图】组中单击【图片】按钮，弹出【插入图片】对话框，在该对话框中选择素材图片"课程表背景.jpg"，单击【插入】按钮，即可将选择的素材图片插入至文档中，如图 3-191 所示。

Step 22：选择图片，在功能区选择【图片工具】下的【格式】选项卡，在【排列】组中单击【环绕文字】按钮，在弹出的下拉列表中选择【衬于文字下方】选项，如图 3-192 所示。

图 3-191 选择素材图片　　　　　　　　　图 3-192 选择【衬于文字下方】选项

Step 23：在【大小】组中将【形状高度】和【形状宽度】设置为【14.87 厘米】和【16.06 厘米】，并在文档中调整其位置，效果如图 3-193 所示。

Step 24：在功能区选择【插入】选项卡，在【插图】组中单击【形状】按钮，在弹出的下拉列表中选择【矩形】选项，然后在文档中绘制矩形，如图 3-194 所示。

Step 25：选择矩形，在功能区选择【绘图工具】下的【格式】选项卡，在【形状样式】组中单击 （启动对话框）按钮，弹出【设置形状格式】任务窗格，在【填充】选项组中将【颜色】设置为【白色】，将【透明度】设置为【19%】，在【线条】选项组中选择【无线条】

选项，如图 3-195 所示。

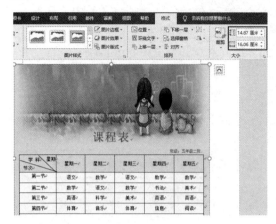

图 3-193　调整素材图片

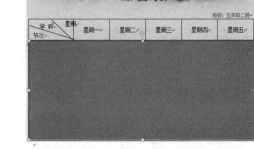

图 3-194　绘制矩形

Step 26：在【格式】选项卡的【排列】组中单击【环绕文字】按钮，在弹出的下拉列表中选择【衬于文字下方】选项，效果如图 3-196 所示。

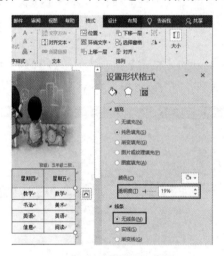

图 3-195　设置形状格式

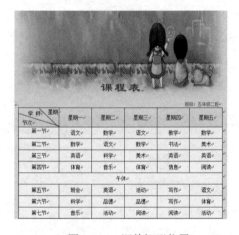

图 3-196　调整矩形位置

操作 7　图文混排

【学习目标】

1．学习设置文字样式的方法。
2．掌握设置文字环绕图形的方式。

【操作概述】

图文混排，顾名思义就是将文字与图片混合排列，文字可在图片的四周、嵌入图片下方、浮于图片上方等。本操作将介绍图文混排案例的制作，完成后的效果如图 3-197 所示。

图 3-197 图文混排效果图

【操作步骤】

Step 01：打开"图文混排—蝴蝶.docx"素材文档，打开的文档如图 3-198 所示。

Step 02：在功能区选择【设计】选项卡，在【页面背景】组中单击【页面颜色】按钮，在弹出的下拉列表中选择【填充效果】选项，如图 3-199 所示。

图 3-198 素材文档

图 3-199 选择【填充效果】选项

Step 03：弹出【填充效果】对话框，切换到【图片】选项卡，单击【选择图片】按钮，如图 3-200 所示。

Step 04：在弹出的对话框中选择【来自文件】选项，如图 3-201 所示。

图 3-200 单击【选择图片】按钮

图 3-201 选择【来自文件】选项

Step 05：弹出【选择图片】对话框，在该对话框中选择"图文混排背景.jpg"素材图片，单击【插入】按钮，如图 3-202 所示。

Step 06：返回到【填充效果】对话框，单击【确定】按钮，即可插入背景图片，效果如图 3-203 所示。

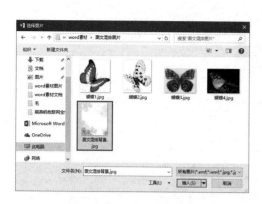

图 3-202　选择素材图片

图 3-203　插入的背景图片

Step 07：在【文档格式】组中单击 按钮，在弹出的下拉列表中选择【极简】选项，如图 3-204 所示。

Step 08：选择第一行文字"蝴蝶（昆虫）"，然后在功能区选择【开始】选项卡，在【样式】组中选择【标题 1】选项，如图 3-205 所示。

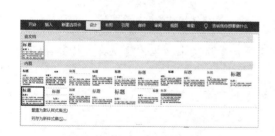

图 3-204　设置文档格式

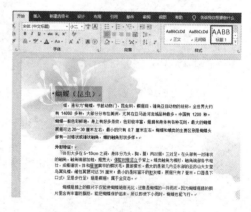

图 3-205　设置文字标题样式

Step 09：在【字体】组中将【字体】设置为【汉仪综艺体简】，将【字号】设置为【二号】，单击【文本效果和版式】按钮，在弹出的下拉列表中选择【填充-蓝色，着色 1，阴影】选项，如图 3-206 所示。

Step 10：单击【字体颜色】按钮右侧的下拉按钮，在弹出的下拉列表中选择【紫色】选项，效果如图 3-207 所示。

Step 11：在功能区选择【插入】选项卡，在【插图】组中单击【形状】按钮，在弹出的下拉列表框中选择【椭圆】选项，如图 3-208 所示。

Step 12：在文档中绘制椭圆，效果如图 3-209 所示。

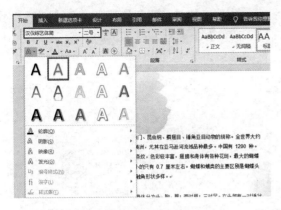

图 3-206　设置文字格式

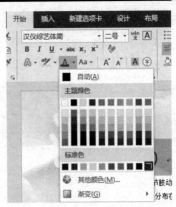

图 3-207　设置字体颜色

图 3-208　选择【椭圆】选项

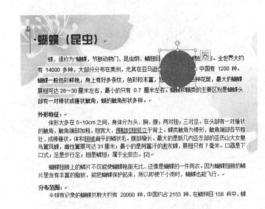

图 3-209　绘制椭圆

使用椭圆工具绘制图形时，按住 Shift 键可以绘制正圆。

Step 13：选择椭圆，在功能区选择【绘图工具】下的【格式】选项卡，在【形状样式】组中单击【形状填充】按钮，在弹出的下拉列表中选择【图片】选项，如图 3-210 所示。

Step 14：在弹出的对话框中选择【来自文件】选项，弹出【插入图片】对话框，在该对话框中选择"蝴蝶 1.jpg"素材图片，单击【插入】按钮，即可将选择的素材图片插入至椭圆中，如图 3-211 所示。

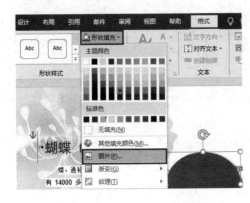

图 3-210　选择【图片】选项

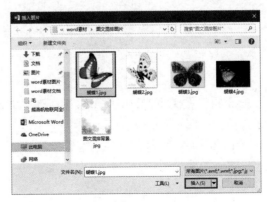

图 3-211　选择素材图片

Step 15：选择图片，在功能区选择【图片工具】下的【格式】选项卡，在【大小】组中单击【裁剪】按钮，在弹出的下拉列表中选择【调整】选项，如图 3-212 所示。

Step 16：在文档中调整图片的大小和位置，效果如图 3-213 所示。

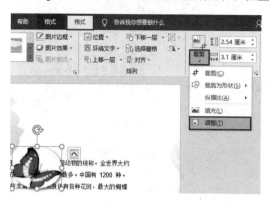

图 3-212　选择【调整】选项

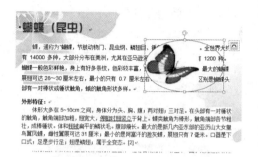

图 3-213　调整图片大小和位置

Step 17：调整完成后按 Esc 键即可。在功能区选择【绘图工具】下的【格式】选项卡，在【形状样式】组中单击【形状轮廓】按钮，在弹出的下拉列表中选择【无轮廓】选项，如图 3-214 所示。

Step 18：在【形状样式】组中单击【形状效果】按钮，在弹出的下拉列表中选择【阴影】→【右下斜偏移】选项，如图 3-215 所示。

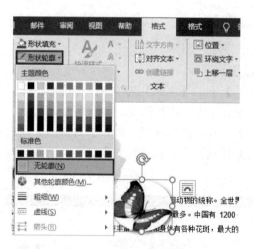

图 3-214　选择【无轮廓】选项

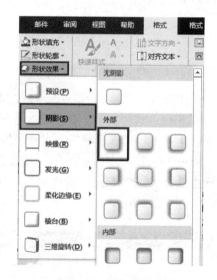

图 3-215　添加阴影效果

Step 19：在【排列】组中单击【环绕文字】按钮，在弹出的下拉列表中选择【穿越型环绕】选项，如图 3-216 所示。

Step 20：使用同样的方法，继续绘制图形并添加图片效果，然后对文字环绕图形的方式进行设置，效果如图 3-217 所示。

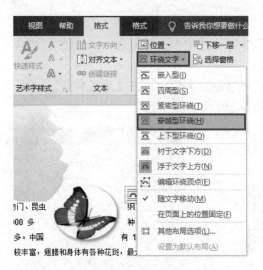

图 3-216　选择【穿越型环绕】选项

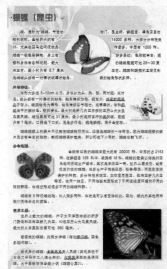

图 3-217　制作其他内容

任务 3.3　Word 2016 的综合应用

操作 1　设计工作证

【学习目标】

1．学习调整素材图片的方法。
2．掌握插入项目符号的方法。

【操作概述】

工作证是公司或单位组织成员的证件，进入工作单位后才能申请发放。工作证是正式成员的证明。下面我们以"武汉科玛科技有限公司工作证"为例（见图 3-218），介绍如何使用 Word 2016 制作工作证。

图 3-218　工作证

【操作步骤】

Step 01：启动 Word 2016，在打开的界面中单击【空白文档】选项，新建空白文档，如图 3-219 所示。

Step 02：在功能区选择【插入】选项卡，在【插图】组中单击【形状】按钮后弹出下拉列表，在下拉列表中选择【矩形】选项，如图 3-220 所示。

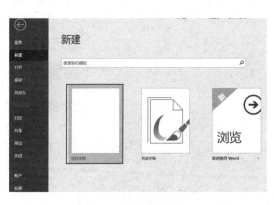

图 3-219　新建空白文档

图 3-220　选择【矩形】选项

Step 03：在文档空白处拖动鼠标绘制如图 3-221 所示的矩形。

Step 04：选中绘制的矩形，在功能区选择【绘图工具】下的【格式】选项卡，在【大小】组中将【形状高度】设置为【9.2 厘米】，【形状宽度】设置为【11.6 厘米】，如图 3-222 所示。

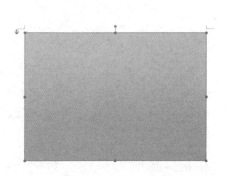

图 3-221　绘制矩形

图 3-222　设置矩形大小

Step 05：给矩形设置完大小后的效果如图 3-223 所示。

Step 06：选中绘制的矩形，选择【绘图工具】下的【格式】选项卡，单击【形状样式】组右下角的 按钮，此时会在文档的右侧弹出【设置形状格式】任务窗格，如图 3-224 所示。

Step 07：确定已选中矩形图形，在【设置形状样式】任务窗格中单击【填充】按钮，在弹出的下拉列表中选择【图片或纹理填充】选项，在【纹理】组中单击【纹理】按钮，如图 3-225 所示。

Step 08：在弹出的下拉列表中选择【栎木】选项，如图 3-226 所示。

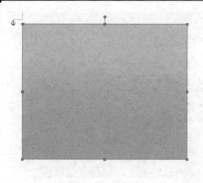

图 3-223　设置完大小的矩形效果图

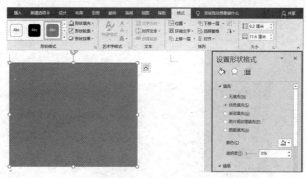

图 3-224　【设置形状格式】任务窗格

图 3-225　单击【纹理】按钮

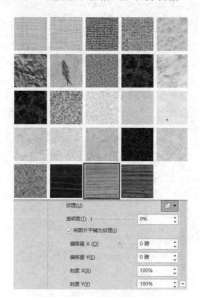

图 3-226　选择【栎木】选项

Step 09：此时会在绘制的矩形图案中填充栎木纹理，其效果如图 3-227 所示。

Step 10：选中填充栎木纹理的矩形，在功能区选择【绘图工具】下的【格式】选项卡，在【形状样式】组中单击【形状轮廓】按钮，在弹出的下拉列表中选择【无轮廓】选项，如图 3-228 所示。

图 3-227　填充栎木纹理的效果

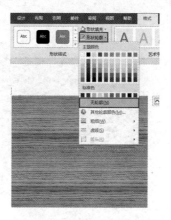

图 3-228　选择【无轮廓】选项

Step 11：设置完后其效果如图 3-229 所示。

Step 12：选中矩形，在功能区选择【图片工具】下的【格式】选项卡，在【排列】组中单击【环绕文字】按钮，在弹出的下拉列表中选择【衬于文字下方】选项，如图 3-230 所示。

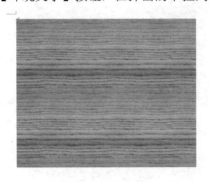

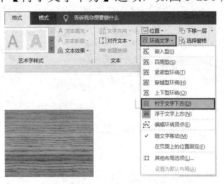

图 3-229　效果图　　　　　　　　图 3-230　选择【衬于文字下方】选项

Step 13：此时可以将矩形在文档空白处随意拖动，如图 3-231 所示。

Step 14：在功能区选择【插入】选项卡，在【插图】组中单击【图片】按钮，在弹出的【插入图片】对话框中选择"红色花纹背景.jpg"素材图片，然后单击【插入】按钮，如图 3-232 所示。

图 3-231　拖动矩形　　　　　　　　图 3-232　【插入图片】对话框

Step 15：插入素材图片的效果如图 3-233 所示。

Step 16：选中图片，在功能区选择【图片工具】下的【格式】选项卡，在【排列】组中单击【环绕文字】按钮，在弹出的下拉列表中选择【衬于文字下方】选项，如图 3-234 所示。

图 3-233　插入图片后效果　　　　　　图 3-234　选择【衬于文字下方】选项

Step 17：确定已选中图片，选择【图片工具】下的【格式】选项卡，单击【大小】组中右下角的 ▣（启动对话框）按钮，在弹出的【布局】对话框中切换至【大小】选项卡，设置【高度】组中【绝对值】为【8.55 厘米】，【宽度】组中【绝对值】为【5.4 厘米】，在【缩放】组中取消选中【锁定纵横比】复选框，设置完后单击【确定】按钮，如图 3-235 所示。

Step 18：设置完后的效果如图 3-236 所示。

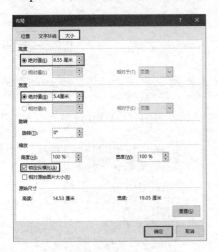

图 3-235　【布局】对话框

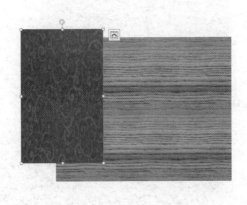

图 3-236　设置完后的效果

Step 19：拖动图片到合适的位置，其效果如图 3-237 所示。

Step 20：选中图片，选择【图片工具】下的【格式】选项卡，在【调整】组中单击【校正】按钮，在弹出的下拉列表中选择【亮度+40%，对比度+20%】选项，如图 3-238 所示。

图 3-237　拖动图片后的效果

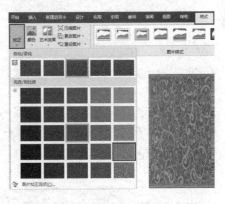

图 3-238　调整图片对比度和亮度

Step 21：调整后的效果如图 3-239 所示。

Step 22：在功能区选择【插入】选项卡，在【插图】组中单击【形状】按钮，在弹出的下拉列表中选择【矩形】组中的【圆角矩形】选项，如图 3-240 所示。

Step 23：在文档中绘制圆角矩形，如图 3-241 所示。

Step 24：选中圆角矩形，在功能区选择【绘图工具】下的【格式】选项卡，单击【形状样式】组右下角的 ▣ 按钮，在弹出的任务窗格中单击【填充】按钮，在弹出的下拉列表中选择【图片或纹理填充】选项，在【纹理】组中单击【纹理】按钮，在弹出的下拉列表中选择

【栎木】选项，如图 3-242 所示。

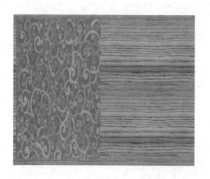

图 3-239　调整后的效果

图 3-240　选择【圆角矩形】选项

图 3-241　绘制圆角矩形

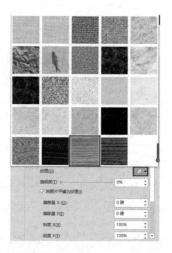

图 3-242　填充【栎木】纹理

Word 2016 为用户提供了许多常用的纹理效果，用户可以直接选择相应的纹理进行设置，这样可以大大节省时间。

Step 25：填充后的效果如图 3-243 所示。

Step 26：在【格式】选项卡的【形状样式】组中单击【形状轮廓】按钮，在弹出的下拉列表中选择【无轮廓】选项，如图 3-244 所示。

图 3-243　设置后的效果

图 3-244　选择【无轮廓】选项

Step 27：设置完成后的效果如图 3-245 所示。

Step 28：插入"彩色商标.png"图片，根据前面设置图片的方法进行设置，设置完成后的效果如图 3-246 所示。

图 3-245　设置完成后的效果

图 3-246　设置完成后的效果

Step 29：在功能区选择【插入】选项卡，在【文本】组中单击【艺术字】按钮，在弹出的下拉列表中选择【填充-灰色-25%，背景 2，内部阴影】选项，如图 3-247 所示。

Step 30：在文本框中输入文本，选中文本，选择【开始】选项卡，在【字体】组中设置【字号】为【四号】，设置【字体】为【宋体】，如图 3-248 所示。

图 3-247　插入艺术字

图 3-248　设置字体、字号

Step 31：设置完成后调整艺术字的位置，完成后的效果如图 3-249 所示。

Step 32：选中艺术字，然后在功能区选择【绘图工具】下的【格式】选项卡，在【艺术字样式】组中单击【文本填充】按钮，在弹出的下拉列表中选择【白色，背景 1】选项，如图 3-250 所示。

Word 2016 为用户提供了很多艺术效果字样，用户可以根据需要进行选择相应的艺术效果，也可以在该艺术效果的基础上进行更改，达到想要的效果。

Step 33：在【艺术字样式】组中单击【文本轮廓】按钮，在弹出的下拉列表中选择【白色，背景 1】选项，如图 3-251 所示。

Step 34：设置完成后的效果如图 3-252 所示。

图 3-249　设置完成后的效果

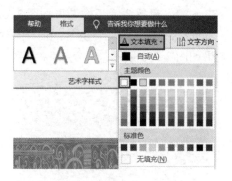

图 3-250　设置填充效果

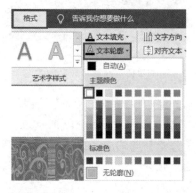

图 3-251　设置文本轮廓

图 3-252　艺术字效果图

Step 35：根据前面绘制矩形的方法绘制一个矩形，并且根据前面设置矩形的方法设置矩形【衬于文字的下方】，【形状填充】设置为【橙色，着色 2，淡色 60%】，【形状轮廓】设置为【黑色】，设置完成后调整矩形的位置如图 3-253 所示。

Step 36：选中矩形，然后在功能区选择【绘图工具】下的【格式】选项卡，在【形状样式】组中单击【形状轮廓】按钮，在弹出的下拉列表中选择【虚线】→【方点】选项，如图 3-254 所示。

图 3-253　矩形效果图

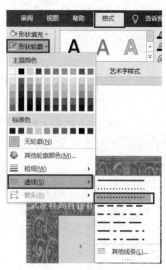

图 3-254　设置形状轮廓

Step 37：在功能区选择【插入】选项卡，在【文本】组中单击【文本框】按钮，在弹出的下拉列表中选择【绘制竖排文本框】选项，如图 3-255 所示。

Step 38：在文本框中输入文本，选中文本，选择【开始】选项卡，在【字体】组中将【字体】设置为【宋体】，【字号】设置为【小二】，在【段落】组中单击【居中】按钮，如图 3-256 所示。

图 3-255　选择【绘制竖排文本框】选项

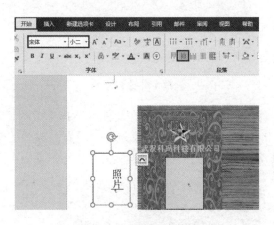

图 3-256　设置文字格式

Step 39：选择【绘图工具】下的【格式】选项卡，在【形状样式】组中单击【形状填充】按钮，在弹出的下拉列表中选择【无填充】选项；单击【形状轮廓】按钮，在弹出的下拉列表中选择【无轮廓】选项，调整文本框的位置，设置完成后的效果如图 3-257 所示。

Step 40：在功能区选择【插入】选项卡，在【文本】组中单击【文本框】按钮，在弹出的下拉列表中选择【绘制竖排文本框】选项，用同样的设置方法设置文本框。在文本框中输入文本，设置【字体】为【宋体】，【字号】设置为【五号】，设置完成后调整文本框的位置，如图 3-258 所示。

图 3-257　设置完成后的效果（1）

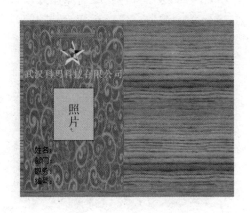

图 3-258　设置完成后的效果（2）

Step 41：在功能区选择【插入】选项卡，在【插图】组中单击【形状】按钮，在弹出的下拉列表中选择【直线】选项，如图 3-259 所示。

Step 42：在文本中绘制直线，绘制完成后的效果如图 3-260 所示。

图 3-259　选择【直线】选项

图 3-260　绘制直线

Step 43：选中直线，在功能区选择【绘图工具】下的【格式】选项卡，在【形状样式】组中选择【细线，深色 1】选项，设置完成后的效果如图 3-261 所示。

Step 44：用相同的方法绘制其余三条直线，其效果如图 3-262 所示。

图 3-261　设置直线样式

图 3-262　绘制其他直线

Step 45：选中红色花纹背景图片，按住 Ctrl 键将图片移动到如图 3-263 所示的位置。

Step 46：复制白色商标和绘制的圆角矩形，将其移动到背面，如图 3-264 所示。

图 3-263　复制并移动图片

图 3-264　复制并移动后的效果

Step 47：根据前面的操作步骤，在工作证背面输入文字并设置，完成后的效果如图 3-265 所示。

Step 48：选中背面除"注意事项"以外的其他所有文字，在功能区选择【开始】选项卡，在【段落】组中单击【项目符号】按钮，在弹出的下拉列表中选择【●】选项，如图 3-266 所示。

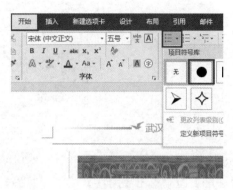

图 3-265　输入完文本后的效果　　　　　　　图 3-266　设置项目符号

Word 为用户提供了很多的项目符号选项，用户也可以载入相应的图片作为项目符号。

Step 49：设置完成后的效果如图 3-267 所示。

Step 50：至此，工作证已设置完成，其最终效果如图 3-268 所示，对完成后的文件进行保存。

图 3-267　设置完成后的效果　　　　　　　图 3-268　工作证的最终效果图

操作 2　设计入场券

【学习目标】

1．学习加粗文字的方法。

2．掌握调整素材图片大小的方法。

【操作概述】

本操作将介绍入场券的制作方法。首先插入背景图片然后输入文字，最后通过绘制矩形图形来美化页面。完成后的效果如图 3-269 所示。

图 3-269　入场券效果图

Step 01：打开 Word 2016 软件，然后新建一个空白文档，在功能区选择【插入】选项卡，在【插图】组中单击【图片】按钮，如图 3-270 所示。

Step 02：在弹出的对话框中选择"背景 01.jpg"素材图片，如图 3-271 所示。

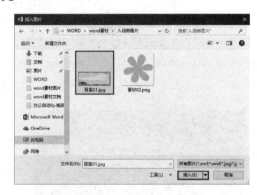

图 3-270　单击【图片】按钮　　　　　　　　　　　　图 3-271　选择背景图片

Step 03：执行该操作即可插入"背景 01.jpg"素材图片，效果如图 3-272 所示。

Step 04：在功能区选择【图片工具】下的【格式】选项卡，在【大小】组中将【形状高度】设置为【7.18 厘米】，将【形状宽度】设置为【17.75 厘米】，如图 3-273 所示。

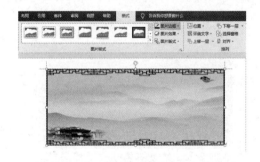

图 3-272　插入图片　　　　　　　　　　　　　　图 3-273　设置图片的大小

Step 05：执行该操作后即可完成对图片的设置，效果如图 3-274 所示。

Step 06：选择图片，在功能区选择【格式】选项卡，在【排列】组中选择【环绕文字】→【衬于文字下方】选项，如图 3-275 所示。

图 3-274 完成设置后的效果

图 3-275 选择【衬于文字下方】选项

Step 07：执行该操作后，即可随意拖动图片，如图 3-276 所示。

Step 08：在功能区选择【插入】选项卡，在【文本】组中单击【文本框】按钮，在弹出的下拉列表中选择【绘制横排文本框】选项，如图 3-277 所示。

图 3-276 移动位置后的图片

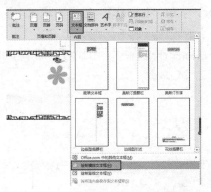

图 3-277 选择【绘制横排文本框】选项

Step 09：这时光标会变为【+】样式，然后再在图片上绘制一个文本框，效果如图 3-278 所示。

Step 10：选择文本框，选择【绘图工具】下的【格式】选项卡，在【形状样式】组中单击【形状填充】按钮，在弹出的下拉列表中选择【无填充】选项，如图 3-279 所示。

图 3-278 绘制文本框

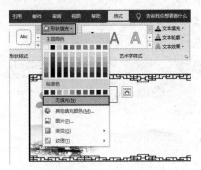

图 3-279 选择【无填充】选项

Step 11：执行该操作后即可去除文本框填充颜色，效果如图 3-280 所示。

Step 12：在功能区选择【绘图工具】下的【格式】选项卡，在【形状样式】组中单击【形状轮廓】按钮，在弹出的下拉列表中选择【无轮廓】选项，如图 3-281 所示。

图 3-280　去除文本框的填充颜色

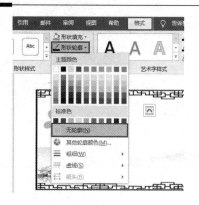

图 3-281　选择【无轮廓】选项

Step 13：执行该操作后即可去除文本框轮廓，效果如图 3-282 所示。

Step 14：选择文本框，在【绘图工具】下的【格式】选项卡中将【大小】组的【形状高度】设置为【1.64 厘米】，将【形状宽度】设置为【9.95 厘米】，执行该操作后即可完成对文本框大小的设置，效果如图 3-283 所示。

在实际操作过程中，用户可以调节文本框的各个顶点，调整其大小。

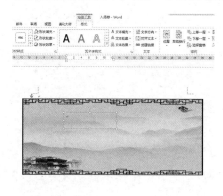

图 3-282　去除文本框的轮廓

图 3-283　设置文本框的大小

Step 15：选择文本框并输入文字，在【开始】选项卡的【字体】组中设置字体为【微软雅黑】，【字号】设置为【一号】，如图 3-284 所示。

Step 16：执行该操作后即可完成对字体的设置，效果如图 3-285 所示。

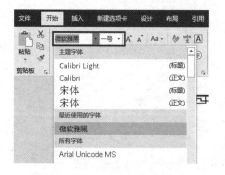

图 3-284　设置字体和字号

图 3-285　设置文字格式的效果

Step 17：选择所有文字，在【开始】选项卡的【字体】组中单击【字体颜色】按钮，在弹出的下拉列表中选择【紫色】，如图 3-286 所示。

Step 18：执行该操作后即可完成对文字颜色的设置，效果如图 3-287 所示。

图 3-286 选择【紫色】

图 3-287 设置字体颜色

Step 19：再插入一个形状高度为 1.72 厘米、形状宽度为 4.37 厘米的文本框，如图 3-288 所示。

Step 20：在文本框中输入文字，选中输入的文字，将【字体】设置为【宋体】,【字号】设置为【小初】，效果如图 3-289 所示。

图 3-288 插入新文本框并设置大小

图 3-289 设置字体和字号

Step 21：使用同样的方法输入其他文字，并调整其位置，如图 3-290 所示。

Step 22：单击背景图片，在功能区选择【图片工具】下的【格式】选项卡，在【调整】组中单击【校正】按钮，在弹出的下拉列表中选择【亮度+20%，对比度+40%】选项，如图 3-291 所示。

图 3-290 输入其他文字后的效果

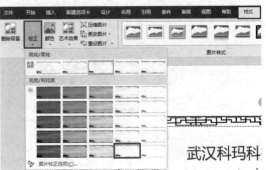

图 3-291 单击【校正】按钮

Step 23：执行该操作后即可完成对背景图片的调整，效果如图 3-292 所示。

Step 24：在功能区选择【插入】选项卡，在【插图】组中单击【图片】按钮，如图3-293所示。

图3-292 调整后的效果

图3-293 单击【图片】按钮

Step 25：在弹出的对话框中选择"素材02.png"素材图片，如图3-294所示。

【知识链接】

PNG格式图片因其保真性、透明性高及文件体积较小等特性，被广泛应用于网页设计、平面设计中。网络通信中因受带宽制约，在保证图片清晰、逼真的前提下，网页中不可能大范围地使用文件较大的BMP、JPG格式文件。GIF格式的文件虽然较小，但其颜色失真严重，不尽如人意，所以PNG格式文件自诞生之日起就大受欢迎。

PNG格式图片通常被我们作为素材来使用。在设计过程中，不可避免地要搜索相关文件，如果是JPG格式文件，抠图就在所难免，费时费力；GIF格式文件虽然具有透明性，但只能对其中一种或几种颜色设置为完全透明，并没有考虑对周围颜色的影响，所以此时PNG格式文件就成了我们的首选。

Step 26：单击【插入】按钮，即可在文档中插入"素材02.png"图片，效果如图3-295所示。

图3-294 插入素材图片

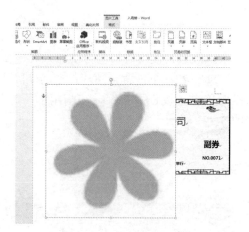

图3-295 插入图片后的效果

Step 27：选择图片，在功能区选择【图片工具】下的【格式】选项卡，在【大小】组中将【形状高度】设置为【2.81厘米】，将【形状宽度】设置为【2.73厘米】，如图3-296所示。

Step 28：在图片上右击，在弹出的下拉列表中选择【环绕文字】→【衬于文字下方】选项，如图3-297所示。

图 3-296　设置图片尺寸

图 3-297　选择【衬于文字下方】选项

Step 29：调整图片的位置，如图 3-298 所示。

Step 30：选择图片，按 Ctrl+C 组合键进行复制，按 Ctrl+V 组合键进行粘贴，并调整其大小和位置，如图 3-299 所示。

选择素材图片后按 Ctrl+D 组合键同样可复制图片。

图 3-298　调整图片位置

图 3-299　复制、粘贴后调整其位置和大小

Step 31：在功能区选择【插入】选项卡，在【插图】组中单击【形状】按钮，在弹出的下拉列表中选择【矩形】选项，如图 3-300 所示。这时光标会变为【+】样式。

Step 32：在背景图片上绘制一个矩形，如图 3-301 所示。

图 3-300　选择【矩形】选项

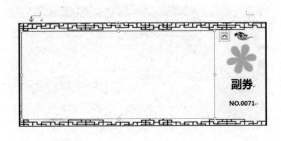

图 3-301　绘制矩形

Step 33：在功能区选择【绘图工具】下的【格式】选项卡，在【形状样式】组中将【形状填充】设置为【无填充】，将【形状轮廓】设置为【黑色，文字 1】，如图 3-302 所示。

Step 34：选择【绘图工具】下的【格式】选项卡，在【形状样式】组中单击【形状轮廓】按钮，在弹出的下拉列表中选择【虚线】→【短划线】选项，如图 3-303 所示。

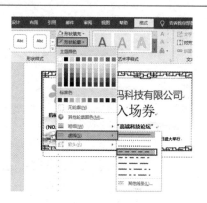

图 3-302　设置矩形

图 3-303　设置矩形轮廓

Step 35：执行该操作后即可完成对矩形轮廓的设置，效果如图 3-304 所示。

Step 36：使用同样的方法在该矩形右侧制作一个小矩形，效果如图 3-305 所示。

图 3-304　设置矩形轮廓后的效果

图 3-305　制作完成后的小矩形

Step 37：在功能区选择【插入】选项卡，在【插图】组中单击【形状】按钮，在弹出的下拉列表中选择【直线】选项，如图 3-306 所示。

Step 38：在背景图上绘制一条直线，在功能区选择【绘图工具】下的【格式】选项卡，在【形状样式】组中单击【形状轮廓】按钮，在弹出的下拉列表中选择【黑色，背景 1】选项，再次单击【形状轮廓】按钮，在弹出的下拉列表中选择【虚线】→【短划线】选项，完成后的效果如图 3-307 所示。

图 3-306　选择【直线】选项

图 3-307　绘制虚线

Step 39：制作入场券的背面。选择入场券正面的一部分内容进行复制、粘贴，并调整其位置，效果如图 3-308 所示。

Step 40：根据上面的操作步骤，在入场券的背面输入其他文字，效果如图 3-309 所示。

图 3-308　复制、粘贴图片、边框、直线等并调整位置　　　　图 3-309　输入其他文字

Step 41：按住 Shift 键选择右侧的文本框，然后按住 Ctrl+B 组合键将文字加粗，如图 3-310 所示，对完成后的效果进行保存。

图 3-310　将所选文字加粗

操作 3　设计活动传单

【学习目标】

1．学习活动传单的制作。
2．掌握模板的创建和编辑方法。

【操作概述】

本操作将讲解活动传单的制作方法。活动传单是在模板的基础上进行制作的，具体操作方法如下。完成后的效果如图 3-311 所示。

图 3-311　活动传单效果图

【操作步骤】

Step 01：启动 Word 2016，将会弹出一个界面，在该界面右侧的文本框中输入要搜索的模板名称，如图 3-312 所示。

Step 02：单击【开始搜索】按钮，在弹出的搜索结果中选择【季节性传单-秋季】选项，如图 3-313 所示。

图 3-312　输入搜索内容

图 3-313　选择模板

Step 03：单击该模板，在弹出的界面中单击【创建】按钮，如图 3-314 所示。

Step 04：执行该操作后，即可使用该模板。创建后的效果如图 3-315 所示。

图 3-314　单击【创建】按钮

图 3-315　模板效果

Step 05：在文档中选择背景图片，在功能区选择【图片工具】下的【格式】选项卡，在【大小】组中单击【高级版：大小】按钮，在弹出的对话框中取消选中【锁定纵横比】复选框，将【高度】组中的【绝对值】设置为【22.54 厘米】，如图 3-316 所示。

Step 06：设置完成后，单击【确定】按钮。在其他空白处单击鼠标，在功能区选择【布局】选项卡，在【页面设置】组中单击【纸张大小】按钮，在弹出的下拉列表中选择【其他纸张大小】选项，如图 3-317 所示。

Step 07：在弹出的对话框中将【高度】设置为【25.09 厘米】，如图 3-318 所示。

Step 08：单击【确定】按钮，在文档中选择文字"敬请参加第 10 届年度"，将其更改为"2019 年机械高端科技论坛"，如图 3-319 所示。

Step 09：选中输入的文字，在功能区选择【开始】选项卡，在【字体】组中将字体设置为【华文隶书】，将字号设置为【小一】，如图 3-320 所示。将【字体颜色】设置为【紫色】，设置后的效果如图 3-321 所示。

图 3-316　设置图片大小

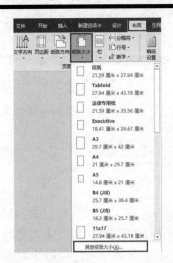

图 3-317　选择【其他纸张大小】选项

图 3-318　设置高度

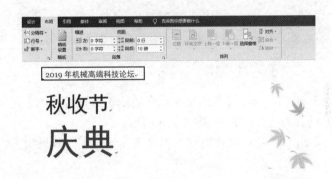

图 3-319　输入文字

图 3-320　设置文字格式

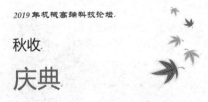

图 3-321　设置后的效果

Step 10：选择文字"秋收"，将其更改为"诚邀"。

Step 11：选择修改后的文字，在功能区选择【开始】选项卡，在【字体】组中将【字体】设置为【华文楷体】，将【字号】设置为【一号】，将【字体颜色】设置为【红色】，设置后的效果如图 3-322 所示。

Step 12：设置完成后，对活动地点、活动时间进行更改，并删除多余文本，更改后的效果如图 3-323 所示。

图 3-322 设置文字格式 　　　　　　　　　图 3-323 修改效果

Step 13：在文档中选择如图 3-324 所示的文本，按 Delete 键将其删除。

Step 14：在文档中将文本"在此处添加关于活动的简要描述。要将任何占位符文本替换为您自己的，只需单击即可以开始键入。"替换为自己的文本，如图 3-325 所示。

图 3-324 选择要删除的文本 　　　　　　　　图 3-325 修改文本

Step 15：选中输入的文字，在功能区选择【开始】选项卡，在【字体】组中将【字体颜色】设置为【深蓝】，如图 3-326 所示。

Step 16：使用同样的方法再输入其他文字，效果如图 3-327 所示。

图 3-326 设置字体颜色 　　　　　　　　　图 3-327 输入其他文字

Step 17：选择所输入的文字，在功能区选择【开始】选项卡，在【字体】组中将【字号】设置为【小四】，如图 3-328 所示。

Step 18：继续选中该文字，在【段落】组中单击【项目符号】按钮，在弹出的下拉列表中选择【定义新项目符号】选项，如图 3-329 所示。

【知识链接】

Word 2016 可以在输入文本时自动创建项目符号，可在文档中输入一个星号（*）或者一个或两个连字符（-），后跟一个空格或制表符，然后输入文字。当按 Enter 键结束该段时，Word 自动将该段转换为项目符号列表（如星号会自动转换成黑色的圆点），同时在新的一段中也会自动添加该项目符号。

要结束列表时，按 Enter 键开始一个新段，然后按 Backspace 键即可删除为该段添加的项目符号。

图 3-328　设置文字大小

图 3-329　选择【定义新项目符号】选项

Step 19：在弹出的对话框中单击【符号】按钮，如图 3-330 所示。

Step 20：在弹出的对话框中将【字体】设置为【普通文本】，在该对话框中选择一种符号，如图 3-331 所示。

图 3-330　单击【符号】按钮

图 3-331　选择一种符号

Step 21：单击【确定】按钮，再在【定义新项目符号】对话框中单击【确定】按钮，即可插入该符号，效果如图 3-332 所示。

Step 22：在文档中选择文字"庆典"，将其改为"阁下"，如图 3-333 所示。设置完成后，对完成后的效果进行保存即可。

图 3-332　添加项目符号后的效果

图 3-333　修改文字

项目 4　Excel 2016 的应用

任务 4.1　创 建 图 表

操作　制作客户信息记录表

【学习目标】

1. 学习客户信息记录表的制作方法。
2. 掌握合并计算的方法。
3. 学习插入簇状柱形图的方法。

【操作概述】

本例将介绍客户信息记录表的制作方法。首先输入客户信息记录，然后对数据进行合并计算，最后插入簇状柱形图。完成后的效果如图 4-1 所示。

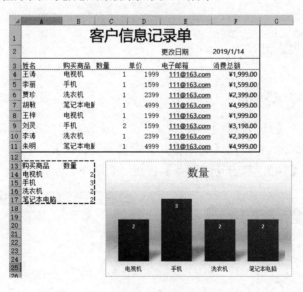

图 4-1　完成后的效果图

【操作步骤】

Step 01：启动 Excel 2016，新建一个空白工作簿。选中工作表中的 A1:F1 单元格区域，在【开始】选项卡的【对齐方式】组中单击【合并后居中】按钮，然后输入文字，将【字体】设置为【微软雅黑】，【字号】设置为【24】，如图 4-2 所示。

Step 02：在其他单元格中输入文字信息，并适当调整单元格的列宽，如图 4-3 所示。

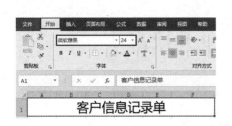

图 4-2　空白工作簿　　　　　　　　　　　　图 4-3　输入文字信息

Step 03：选中 F2 单元格，单击【公式】选项卡，如图 4-4 所示。

Step 04：在【函数库】组中单击【日期与时间】按钮，然后选择【TODAY】函数，如图 4-5 所示。

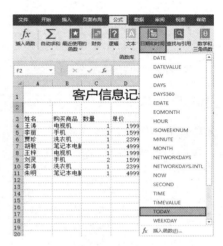

图 4-4　【公式】选项卡　　　　　　　　　　图 4-5　插入函数

Step 05：在弹出的【函数参数】对话框中，单击【确定】按钮，如图 4-6 所示。

Step 06：选中 F2 单元格，将【数字格式】设置为【日期】，将【字体】设置为【微软雅黑】，【字号】设置为【10】，单击【左对齐】按钮，如图 4-7 所示。

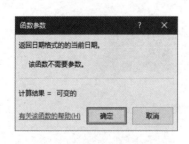

图 4-6　【函数参数】对话框　　　　　　　　图 4-7　设置文字格式

Step 07：选中 E4 单元格并右击，在弹出的快捷菜单中选择【链接】命令，如图 4-8 所示。

Step 08：在弹出的【插入超链接】对话框中选择【电子邮件地址】选项，然后在【电子邮件地址】中输入"mailto:111@163.com"，单击【确定】按钮，如图 4-9 所示。

Step 09：使用相同的方法设置其他电子邮箱的超链接。然后选中 E4:E11 单元格区域，将【字体】设置为【微软雅黑】，【字号】设置为【10】，单击【右对齐】按钮，如图 4-10 所示。

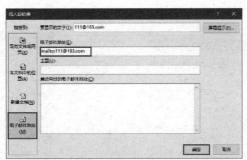

图 4-8　选择【链接】命令　　　　　图 4-9　选择【电子邮件地址】选项　　　　图 4-10　设置文字格式

Step 10：选中 F4 单元格，在【编辑栏】中输入计算函数“=PRODUCT(C4:D4)”，将【字体】设置为【微软雅黑】，【字号】设置为【10】，【数字格式】设置为【货币】，如图 4-11 所示。

Step 11：在 F5:F11 单元格区域填充计算函数，如图 4-12 所示。

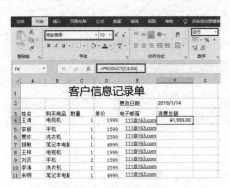

图 4-11　单元格设置　　　　　　　　　　　　　图 4-12　填充计算函数

Step 12：选中 A13 单元格，选择【数据】选项卡，单击【数据工具】组中的【合并计算】按钮，如图 4-13 所示。

Step 13：在弹出的【合并计算】对话框中，将【函数】设置为【求和】，然后单击 按钮，如图 4-14 所示。

图 4-13　合并计算　　　　　　　　　　　　图 4-14　求和

Step 14：选择 B3:C11 单元格区域，然后单击弹出来的【合并计算-引用位置】对话框中的⊞按钮，如图 4-15 所示。

Step 15：返回到【合并计算】对话框，选中【标签位置】中的【首行】和【最左列】复选框，然后单击【确定】按钮，如图 4-16 所示。

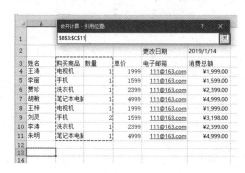

图 4-15　合并计算-引用位置

图 4-16　【合并计算】对话框

Step 16：在 A13 单元格中输入文字，并设置文字样式，如图 4-17 所示。

Step 17：选中 A13:B17 单元格区域，在功能区选择【插入】选项卡，单击【图表】组中的【插入柱形图】按钮，在弹出的下拉列表中选择【簇状柱形图】选项，如图 4-18 所示。

图 4-17　设置文字样式

图 4-18　插入柱形图

Step 18：调整图表的位置，然后在【图表样式】组中选择【样式 4】选项，如图 4-19 所示。

Step 19：选中 A2:F2 单元格区域并右击，在弹出的快捷菜单中选择【设置单元格格式】命令。在弹出的【设置单元格格式】对话框中，选择【边框】选项卡，设置【线条】选项组中的【样式】列表框，在【边框】选项组中设置边框，然后单击【确定】按钮，如图 4-20所示。

Step 20：选中 A3:F3 单元格区域并右击，在弹出的快捷菜单中选择【设置单元格格式】命令。在弹出的【设置单元格格式】对话框中，选择【边框】选项卡，设置【样式】列表框，在【边框】选项组中设置边框，然后单击【确定】按钮，如图 4-21 所示。

Step 21：选中 A1:F11 单元格区域并右击，在弹出的快捷菜单中选择【设置单元格格式】命令。在弹出的【设置单元格格式】对话框中，选择【边框】选项卡，设置【样式】列表框，在【边框】选项组中设置边框，然后单击【确定】按钮，如图 4-22 所示。

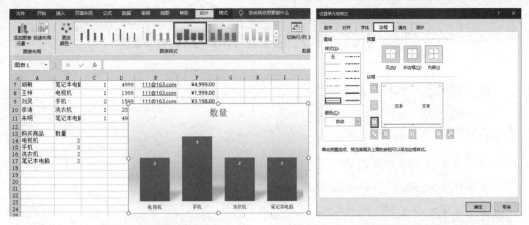

图 4-19　图表样式

图 4-20　设置边框（1）

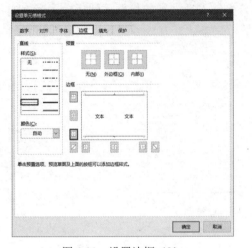

图 4-21　设置边框（2）

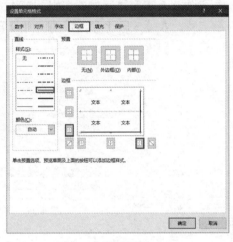

图 4-22　设置边框（3）

Step 22：选中 A13:B17 单元格区域并右击，在弹出的快捷菜单中选择【设置单元格格式】命令。在弹出的【设置单元格格式】对话框中，选择【边框】选项卡，设置【样式】列表框，在【边框】选项组中设置边框，然后单击【确定】按钮，如图 4-23 所示。

Step 23：切换至【视图】选项卡，在【显示】组中取消选中【网格线】复选框，如图 4-24所示。

图 4-23　设置边框（4）

图 4-24　取消网格线

任务 4.2　单元格数据的输入与设置

操作　制作房屋还贷计算表

【学习目标】

1. 学习设置单元格数字格式的方法。
2. 掌握在单元格中输入函数的方法。

【操作概述】

本操作将介绍房屋还贷计算表的制作方法。首先输入数据表的标题，然后输入表格的各个项目名称，在输入数字和函数的同时设置相应的数字格式。完成后的效果如图 4-25 所示。

	A	B	C	D	E
1		房屋还贷计算表			
2		总价		每平米价格	平米	购买时间
3	房子总额	¥	1,536,000.00	¥ 12,000.00	128.00	2012年7月1日
4	商业贷款利率		6.22%			
5	公积金贷款利率		5.05%			
6	首付	¥	460,800.00			
7	商业贷款支付	¥	775,200.00			
8	公积金贷款支付	¥	300,000.00			
9	还款年限	¥	10.00			
10	每月公积金还款	¥	3,189.30			
11	每月商业贷款还款	¥	8,692.20			
12	每月贷款还款	¥	11,881.50			
13	公积金还款总额	¥	382,716.29			
14	商业贷款还款总额	¥	1,043,064.23			
15	还款总额：	¥	1,425,780.52			

图 4-25　房屋还贷计算表效果图

【操作步骤】

Step 01：启动 Excel 2016，新建一个空白工作簿。选中工作表中的 A1:E1 单元格区域，在【开始】选项卡的【对齐方式】组中单击【合并后居中】按钮，如图 4-26 所示。

Step 02：在合并后的单元格中输入文字，在【字体】组中将【字体】设置为【微软雅黑】，【字号】设置为【18】，如图 4-27 所示。

图 4-26　设置对齐方式

图 4-27　设置文字格式

Step 03：分别在 A3:A15 和 B2:E2 单元格区域中输入文字，将【字体】设置为【微软雅黑】，【字号】设为【12】，如图 4-28 所示。

Step 04：在 C3 单元格中，输入数字"12000"，然后在【数字】组中将【数字格式】设置为【会计专用】，如图 4-29 所示。

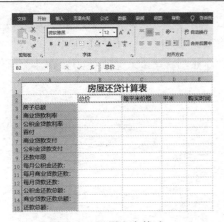

图 4-28　设置文字格式

图 4-29　设置数字格式

提示： 根据单元格中的内容，适当调整单元格的列宽。

Step 05： 在 D3 单元格中，输入数字"128"，然后在【数字】组中将【数字格式】设置为【数值】，如图 4-30 所示。

Step 06： 在 E3 单元格中，输入"2012-7-1"作为日期，然后选中 E3 单元格，右击，在弹出的快捷菜单中选择【设置单元格格式】命令，如图 4-31 所示。

图 4-30　设置数字格式

图 4-31　设置单元格格式

Step 07： 在弹出的【设置单元格格式】对话框中，在【数字】选项卡中，将【分类】设置为【日期】，然后设置【类型】为【*2012 年 3 月 14 日】，并单击【确定】按钮，如图 4-32 所示。

Step 08： 在 B3 单元格中，输入公式"=C3*D3"，然后按 Enter 键确认，如图 4-33 所示。

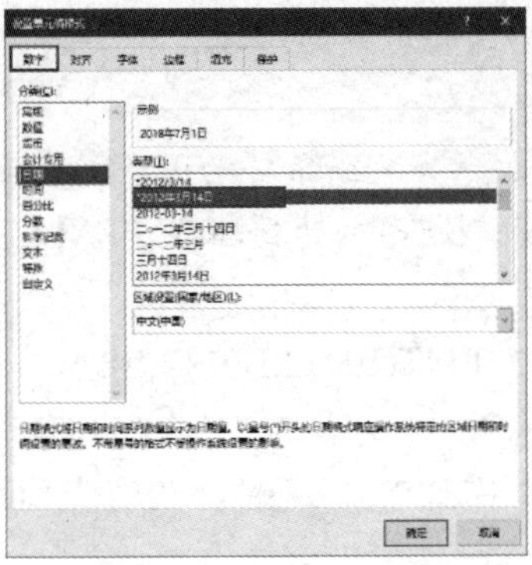

图 4-32　设置日期类型

图 4-33　输入公式

Step 09：在 B4 和 B5 单元格中分别输入"0.0622"和"0.0505"，然后选中单元格，将【数字格式】设置为【百分比】，如图 4-34 所示。

Step 10：在 B6 单元格中，输入公式"=B3*0.3"，然后按 Enter 键确认，如图 4-35 所示。

图 4-34 设置数字格式

图 4-35 输入公式

Step 11：在 B8 和 B9 单元格中分别输入数字，然后将 B8 单元格的【数字格式】设置为【会计专用】，如图 4-36 所示。

Step 12：在 B7 单元格中，输入函数"=IF(B3-B6-B8>0,B3-B6-B8,0)"，按 Enter 键确认；然后将 B7 单元格的【数字格式】设置为【会计专用】，如图 4-37 所示。

图 4-36 设置数字格式

图 4-37 输入函数

【知识链接】

函数名称：IF。

主要功能：根据对指定条件的逻辑判断的真假结果，返回相对应的内容。

使用格式：=IF(Logical,Value_if_true,Value_if_false)。

参数说明：Logical 代表逻辑判断表达式；Value_if_true 表示当判断条件为逻辑真（TRUE）时的显示内容，如果忽略返回 TRUE；Value_if_false 表示当判断条件为逻辑假（FALSE）时的显示内容，如果忽略返回 FALSE。

Step 13：在 B10 单元格中，输入函数"=ABS(IF(B8=0,0,PMT(B5/12,B9*12,B8)))"，然后按 Enter 键确认，计算每月公积金还款，如图 4-38 所示。

Step 14：在 B11 单元格中，输入函数"=ABS(PMT(B4/12,B9*12,B7))"，然后按 Enter 键确认，计算每月商业贷款还款，如图 4-39 所示。

图 4-38 计算每月公积金还款 　　　　图 4-39 计算每月商业贷款还款

【知识链接】

函数名称：ABS。

主要功能：求出相应数字的绝对值。

使用格式：ABS(number)。

参数说明：number 代表需要求绝对值的数值或引用的单元格。

Step 15：在 B12 单元格中，输入公式 "=B10+B11"，然后按 Enter 键确认，计算每月贷款还款，如图 4-40 所示。

Step 16：在 B13 单元格中，输入公式 "=B10*B9*12"，然后按 Enter 键确认，计算公积金还款总额，如图 4-41 所示。

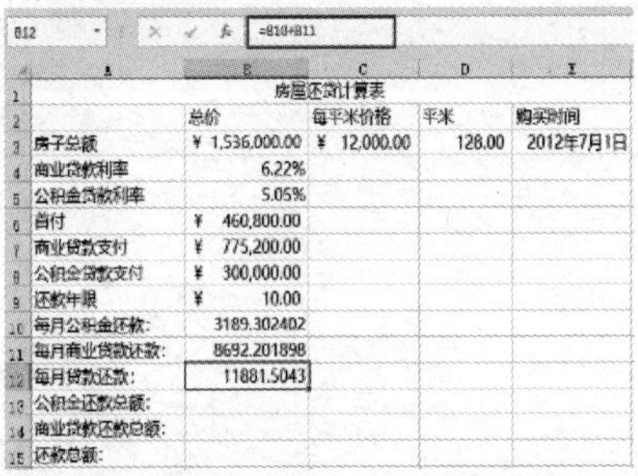

图 4-40 计算每月贷款还款　　　　图 4-41 计算公积金还款总额

Step 17：在 B14 单元格中，输入公式 "=B11*B9*12"，然后按 Enter 键确认，计算商业贷款还款总额，如图 4-42 所示。

Step 18：在 B15 单元格中，输入公式 "=B13+B14"，然后按 Enter 键确认，计算还款总额，如图 4-43 所示。

图 4-42 计算商业贷款还款总额 　　　　图 4-43 计算还款总额

Step 19：选中 B10:B15 单元格区域，将【数字格式】设置为【会计专用】，如图 4-44 所示。

Step 20：选中 A1:E15 单元格区域，在【字体】组中将【边框】设置为【粗外侧框线】，如图 4-45 所示。

图 4-44　设置数字格式　　　　　　　　　　　图 4-45　设置边框

任务 4.3　公式和函数的使用

操作 1　制作季度业绩分析表

【学习目标】

1. 学习如何创建表格。
2. 掌握业绩分析表直方图的制作方法。

【操作概述】

本操作将介绍如何使用直方图制作业绩分析表，通过直方图可以很清楚地观察业绩的情况，具体操作方法如下。完成后的效果如图 4-46 所示。

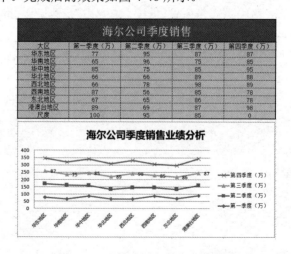

图 4-46　业绩分析表直方图效果图

【操作步骤】

Step 01：启动 Excel 2016，在【新建】选项卡下单击【空白工作簿】按钮，如图 4-47 所示。

Step 02：选择第 2 行表格并右击，在弹出的快捷菜单中选择【行高】命令，如图 4-48 所示。

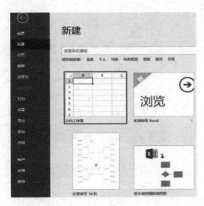

图 4-47　新建空白工作簿

图 4-48　选择【行高】命令

Step 03：弹出【行高】对话框，将【行高】设为【40】，如图 4-49 所示。

Step 04：选择 B:F 列单元格并右击，在弹出的快捷菜单中选择【列宽】命令，如图 4-50 所示。

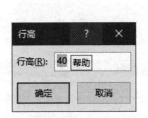

图 4-49　设置行高

图 4-50　选择【列宽】命令

小技巧：在实际操作过程中用户可以将鼠标移动到第 1 行，当鼠标指针变为十字形双箭头时，用户可以按住鼠标左键进行拖动，调整行高。

Step 05：在弹出的【列宽】对话框中，将【列宽】设为【15】，如图 4-51 所示。

Step 06：选择 B2:F2 单元格区域，在【开始】选项卡下的【对齐方式】组中单击【合并后居中】按钮，如图 4-52 所示。

图 4-51　设置列宽

图 4-52　设置对齐方式

Step 07：在合并的单元格中输入"海尔公司季度销售"，在【字体】选项组中将【字体】设为【宋体】,【字号】设为【20】,【字体颜色】设为【白色】，单击【填充颜色】按钮，在弹出的下拉列表中选择如图 4-53 所示的颜色。

Step 08：设置完字体属性后的效果如图 4-54 所示。

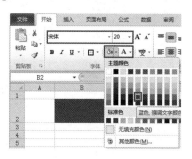

图 4-53　设置填充颜色

图 4-54　字体属性效果图

Step 09：确认合并的单元格处于被选中状态，单击【边框】按钮，在弹出的下拉列表中选择【粗外侧框线】选项，如图 4-55 所示。

提示：在设置边框时，用户可以在其下拉列表中选择【粗闸框线】选项，当用户在对另一个单元格设置【粗闸框线】选项时，用户就可以直接单击【粗闸框线】按钮，而不用在其下拉列表中进行选择。

Step 10：在其他单元格中输入文字，在【对齐方式】组中单击【居中】按钮，将文字居中，如图 4-56 所示。

图 4-55　设置边框

图 4-56　设置对齐方式

Step 11：选择 B3:F12 单元格区域，在【字体】组中单击【填充颜色】按钮，在弹出的下拉列表中选择如图 4-57 所示的颜色。

Step 12：设置完成后的效果如图 4-58 所示。

图 4-57　填充颜色

图 4-58　填充颜色效果图

Step 13：选择 B3:F12 单元格区域，在【字体】组中单击【边框】按钮，在弹出的下拉列表中选择【其他边框】选项，如图 4-59 所示。

Step 14：弹出【设置单元格格式】对话框，选择如图 4-60 所示线条，然后单击【外边框】按钮。

图 4-59　设置边框

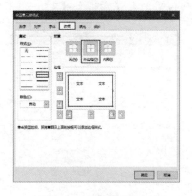
图 4-60　设置外边框

Step 15：选择线条样式，然后单击【内部】按钮，如图 4-61 所示。

Step 16：设置完内部边框后的效果如图 4-62 所示。

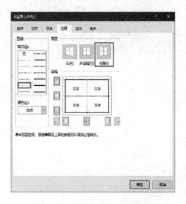
图 4-61　设置内部边框

图 4-62　效果图

Step 17：选中 B3:F11，切换到【插入】选项卡，在【二维折线图】组中选择折线图，然后单击【确定】按钮，如图 4-63 所示。

Step 18：选中图表，单击右侧的 ✚ 图标，勾选【数据标签】选项，效果如图 4-64 所示。

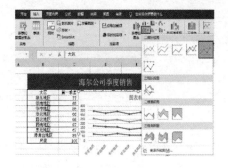
图 4-63　插入折线图

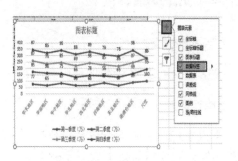
图 4-64　设置数据标签

Step 19：调整图表大小，双击"图表标题"，修改图表标题为"海尔公司季度销售业绩分析"。选中标题文字，在右键菜单中选择【字体】命令，设置图表标题的字体格式为【微软雅黑】、【加粗】、【18】，如图 4-65 所示。

Step 20：选中图表横坐标中的所有文字，在右键菜单中选择【字体】命令，设置字体格式为【微软雅黑】、【常规】、【8】，如图 4-66 所示。

图 4-65　设置标题字体

图 4-66　设置横坐标字体

Step 21：删除"纵坐标轴标题"，重新调整图表大小和位置，效果如图 4-67 所示。

海尔公司季度销售			
大区	第一季度（万）	第二季度（万）	第三季度（万）	第四季度（万）
华东地区	77	95	87	87
华南地区	65	96	75	85
华中地区	85	75	85	95
华北地区	66	66	89	88
西北地区	66	78	98	89
西南地区	87	56	85	78
东北地区	67	65	86	78
港澳台地区	89	69	87	98
尺度	100	95	85	0

图 4-67　调整图表大小和位置

操作 2　制作成绩查询表

【学习目标】

掌握 VLOOKUP 函数的使用方法。

【操作概述】

本操作将介绍成绩查询表的制作方法。首先制作考试成绩表，然后制作查询表并输入相应的函数。完成后的效果如图 4-68 所示。

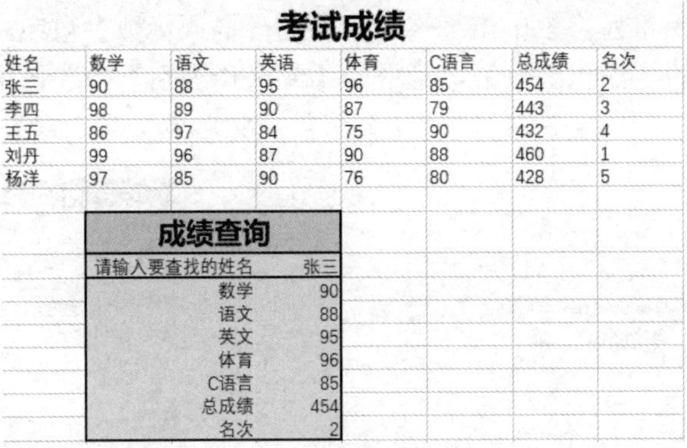

考试成绩							
姓名	数学	语文	英语	体育	C语言	总成绩	名次
张三	90	88	95	96	85	454	2
李四	98	89	90	87	79	443	3
王五	86	97	84	75	90	432	4
刘丹	99	96	87	90	88	460	1
杨洋	97	85	90	76	80	428	5

成绩查询	
请输入要查找的姓名	张三
数学	90
语文	88
英文	95
体育	96
C语言	85
总成绩	454
名次	2

图 4-68　成绩查询表效果图

【操作步骤】

Step 01：启动 Excel 2016，新建一个空白工作簿。选中工作表中的 A1:H1 单元格区域，在【开始】选项卡的【对齐方式】组中单击【合并后居中】按钮，然后输入文字，将【字号】设置为【20】，【字体】设置为【微软雅黑】，单击【加粗】按钮，如图 4-69 所示。

Step 02：在单元格中输入文字和成绩信息，如图 4-70 所示。

图 4-69　设置文字格式

图 4-70　输入文字和成绩信息

Step 03：选中工作表中的 B9:D9 单元格区域，在【开始】选项卡的【对齐方式】组中单击【合并后居中】按钮，然后输入文字，将【字号】设置为【18】，【字体】设置为【微软雅黑】，单击【加粗】按钮，如图 4-71 所示。

Step 04：使用相同的方法合并单元格并输入文字，然后将其设置为【右对齐】，如图 4-72 所示。

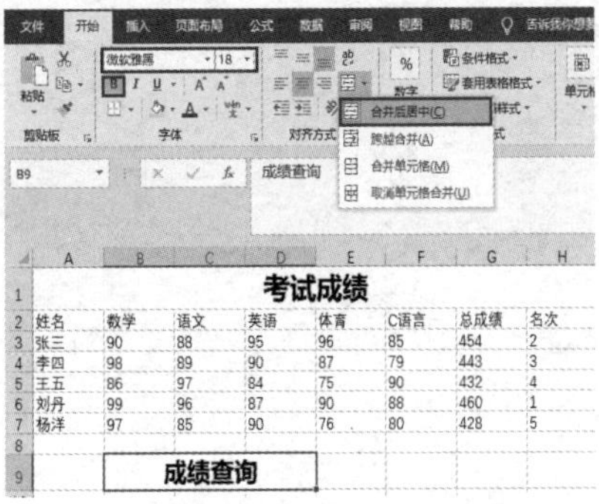

图 4-71　设置文字格式

图 4-72　输入文字

Step 05：选中 D11 单元格，单击编辑栏左侧的【插入函数】按钮，如图 4-73 所示。

Step 06：在弹出的【插入函数】对话框的【或选择类别】中选择【查找与引用】选项。在【选择函数】列表中，选择【VLOOKUP】函数，然后单击【确定】按钮，如图 4-74 示。

图 4-73　选中单元格

图 4-74　插入函数

【知识链接】

函数名称：VLOOKUP。

主要功能：在数据表的首列查找指定的数值，并由此返回数据表当前行中指定列的数值。

使用格式：VLOOKUP(lookup_value, table_array, col_index_num, range_lookup)。

参数说明：lookup_value 代表需要查找的数值。table_array 代表需要在其中查找数据的单元格区域。col_index_num 为 table_array 区域中待返回的匹配值的列序号（当 col_index_num 为 2 时，返回 table_array 第 2 列中的数值；为 3 时，返回第 3 列中的数值……）。range_lookup 为一逻辑值，如果为 TRUE 或省略，则返回近似匹配值，也就是说，如果找不到精确匹配值，则返回小于 lookup_value 的最大数值；如果为 FALSE，则返回精确匹配值；如果找不到，则返回错误值#N/A。

Step 07：在弹出的【函数参数】对话框中，输入各个函数参数，然后单击【确定】按钮，如图 4-75 所示。

Step 08：使用相同的方法设置其他函数，然后在 D10 单元格中输入姓名"张三"，单元格中将显示查询的结果，如图 4-76 所示。

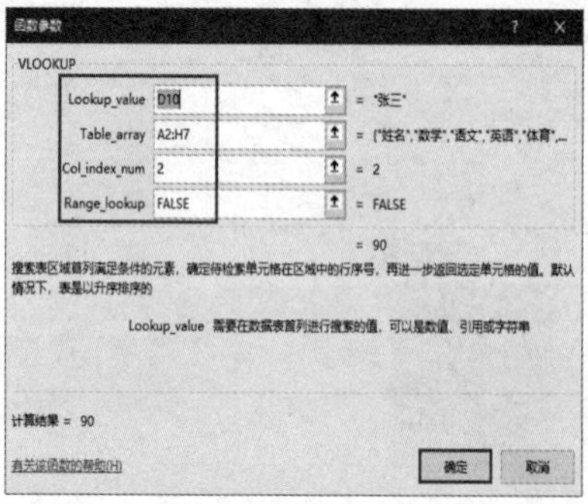

图 4-75　输入各个函数参数

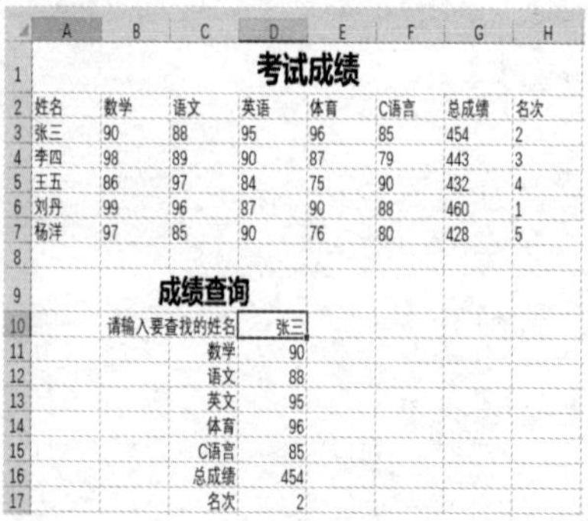

图 4-76　显示查询的结果

提示：将 D10 单元格设置为【右对齐】。

Step 09：选中 B9:D17 单元格区域，在【字体】组中，将【边框】设置为【粗外侧框线】，如图 4-77 所示。

Step 10：选中 B9 单元格，在【字体】组中设置填充颜色，如图 4-78 所示。

图 4-77　设置边框

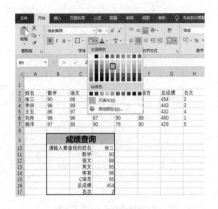

图 4-78　设置填充颜色

Step 11：选中 B10:D17 单元格区域，在【字体】组中设置填充颜色，如图 4-79 所示。

Step 12：参照前面的操作步骤，设置单元格的边框，如图 4-80 所示。

图 4-79　设置填充颜色

图 4-80　设置单元格的边框

操作 3　制作出差开支预算表

【学习目标】

1. 学习设置表格边框的方法。
2. 掌握自定义单元格格式的方法。
3. 掌握 IF 函数和 SUM 函数的用法。

【操作概述】

本操作将介绍出差开支预算表的制作方法，首先设置表格的边框，然后输入文字，并输入计算公式和函数，最后设置内部单元格。完成后的效果如图 4-81 所示。

出差开支预算	¥3,200.00					
						总计
飞机票价	机票单价（往）	¥700.00		1	张	¥700.00
	机票单价（返）	¥600.00		1	张	¥600.00
	其他	¥100.00		0		¥0.00
酒店	每晚费用	¥300.00		2	晚	¥600.00
	其他	¥50.00		1	晚	¥50.00
餐饮	每天费用	¥100.00		4	天	¥400.00
交通	每天费用	¥80.00		4	天	¥320.00
休闲娱乐	总计	¥500.00				¥500.00
礼品	总计	¥350.00				¥350.00
其他费用	总计	¥230.00				¥230.00
出差开支预算			出差开支总费用			¥3,750.00
			超出预算			¥-550.00

图 4-81　出差开支预算效果图

Step 01：启动 Excel 2016，新建一个空白工作簿。选中工作表中的 B4:H17 单元格区域，在【开始】选项卡的【字体】组中，设置【字体】和【字号】，单击右下角的 ▫ 按钮，如图 4-82 所示。

Step 02：在弹出的【设置单元格格式】对话框中，选择【边框】选项卡，设置【直线】选项组中的【样式】和【颜色】，单击【预置】选项组中的【外边框】按钮，然后单击【确定】按钮，如图 4-83 所示。

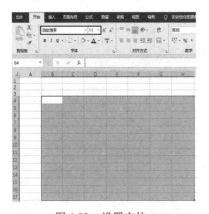

图 4-82　设置字体

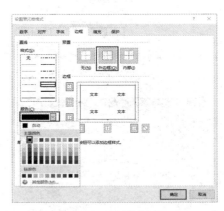

图 4-83　设置边框（1）

Step 03：选中工作表中的 B6:H15 单元格区域，在【开始】选项卡的【字体】组中单击右下角的 ▫ 按钮，在弹出的【设置单元格格式】对话框中，切换至【边框】选项卡，设置边框，然后单击【确定】按钮，如图 4-84 所示。

Step 04：选中工作表中的 B16:D17 单元格区域，在【开始】选项卡的【对齐方式】组中，单击【合并后居中】按钮，如图 4-85 所示。

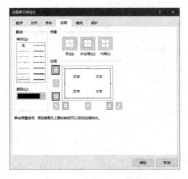

图 4-84　设置边框（2）

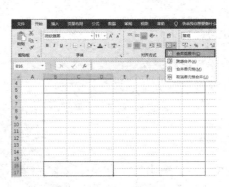

图 4-85　合并后居中

Step 05：在合并后的单元格中输入文字"出差开支预算"，在【开始】选项卡的【字体】组中将【字体】设置为【微软雅黑】,【字号】设置为【24】，单击【加粗】按钮，然后设置【字体颜色】，如图 4-86 所示。

Step 06：在【字体】组中，单击右下角的 按钮，在弹出的【设置单元格格式】对话框中，切换至【边框】选项卡，设置边框，然后单击【确定】按钮，如图 4-87 所示。

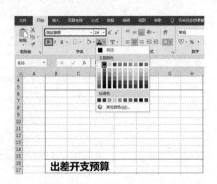
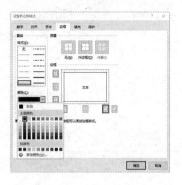

图 4-86　设置文字格式　　　　　　　　　　　图 4-87　设置边框

提示：右击选中的单元格区域，在弹出的快捷菜单中选择【设置单元格格式】命令，也可以打开【设置单元格格式】对话框。

Step 07：选中工作表中的 B6:H8 单元格区域，在【开始】选项卡的【字体】组中单击右下角的 按钮，在弹出的【设置单元格格式】对话框中，切换至【边框】选项卡，设置【直线条】选项组中的【样式】，设置边框，然后单击【确定】按钮，如图 4-88 所示。添加边框后的效果如图 4-89 所示。

Step 08：使用相同的方法设置其他边框，如图 4-89 所示。

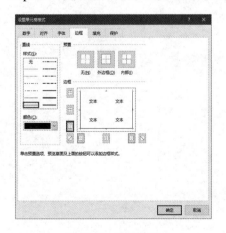

图 4-88　设置边框　　　　　　　　　　　　　图 4-89　设置其他边框

Step 09：右击 B 列单元格，在弹出的快捷菜单中选择【列宽】命令，如图 4-90 所示。

Step 10：在弹出的【列宽】对话框中，将【列宽】设置为【15】，然后单击【确定】按钮，如图 4-91 所示。

Step 11：使用相同的方法设置其他列的列宽，如图 4-92 所示。

Step 12：在表格中输入文字并设置文字格式，如图 4-93 所示。

图 4-90　选择【列宽】命令

图 4-91　设置列宽

图 4-92　设置其他列列宽

图 4-93　设置文字格式

Step 13：选中 C4 单元格，单击【数字】组中的 ⬚ 按钮，在弹出的【设置单元格格式】对话框中，将【数字】选项卡的【分类】设置为【自定义】，在【类型】文本框中输入自定义类型【¥#,##0.00;[红色]¥-#,##0.00】，单击【确定】按钮，如图 4-94 所示。

图 4-94　输入自定义类型

说明：

自定义格式代码有 4 种类型的数值格式：正数、负数、零和文本。在代码中，用分号来分隔区段，每个区段代码作用于不同类型的数值。

比如格式代码【¥#,##0.00;[红色]¥-#,##0.00】表示有两个区段，第一区段代表正数，第二区段代表负数。如果数值是负数，则单元格中数值的颜色变成了红色。

Step 14：使用相同的方法设置其他单元格的格式，如图 4-95 所示。

Step 15：在 H6 单元格中输入公式 "=D6*F6"，按 Enter 键确认，如图 4-96 所示。

图 4-95　设置其他单元格格式　　　　　　　　图 4-96　输入公式

Step 16：将鼠标指针放置到 H6 单元格的右下角，鼠标指针变为+，按住鼠标左键向下拖动到 H12 单元格，为单元格填充数据，如图 4-97 所示。

Step 17：单击【自动填充选项】按钮，在弹出的下拉列表中选择【不带格式填充】选项，如图 4-98 所示。

图 4-97　填充数据

图 4-98　自动填充

Step 18：选中 H7:H12 单元格区域，在【数字】组中将【数字格式】设置为【货币】，如图 4-99 所示。

Step 19：选中 D13:D15 单元格区域，按 Ctrl+C 组合键进行复制，然后在 H13 单元格中单击，按 Ctrl+V 组合键进行粘贴，粘贴时选择【公式和数字格式】选项，如图 4-100 所示。

图 4-99　设置数字格式

图 4-100　复制、粘贴

Step 20：选中 H16 单元格后，在【编辑栏】中单击，然后在【编辑栏】中输入函数 "=SUM(H6:H15)"，按 Enter 键确认，如图 4-101 所示。

Step 21：选中 E17 单元格后，在【编辑栏】中输入函数 "=IF(C4>H16, "低于预算", "超出预算")"，按 Enter 键确认，如图 4-102 所示。

Step 23：选中 H17 单元格后，在【编辑栏】中输入公式 "=C4-H16"，按 Enter 键确认，如图 4-103 所示。

Step 24：选中 H16:H17 单元格区域，单击【加粗】按钮，然后设置填充颜色，如图 4-104 所示。

图 4-101 输入函数 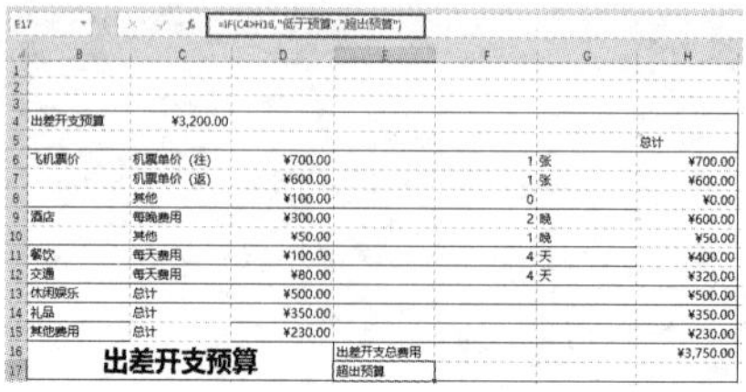 　　　　　　　　　　　　　　 图 4-102 输入函数

图 4-103 输入公式 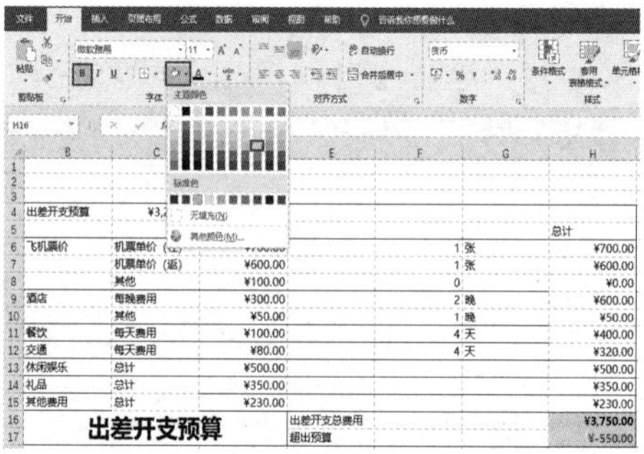 　　　　　　　　　　　　　 图 4-104 设置填充颜色

Step 25：使用相同的方法设置其他单元格的填充颜色，如图 4-105 所示。

图 4-105 设置填充颜色

Step 26：选中 B4:H17 单元格区域，在【开始】选项卡的【对齐方式】组中，单击【垂直居中】、【居中对齐】按钮，将文本居中对齐，如图 4-106 所示。

Step 27：切换至【视图】选项卡，在【显示】组中取消选中【网格线】复选框，如图 4-107 所示。

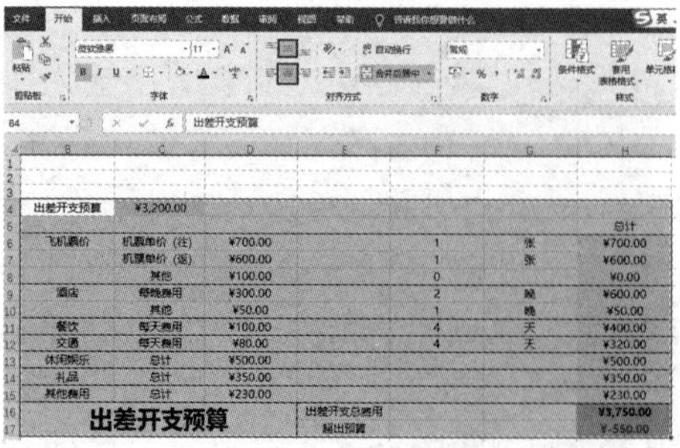

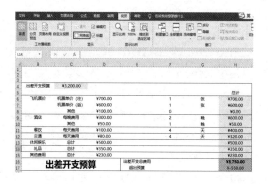

图 4-106 文本居中对齐 　　　　　　　　　　　　 图 4-107 取消选中网格线

操作 4　计算个人所得税

【学习目标】

1. 学习使用 IF 函数的嵌套使用方法。
2. 掌握设置单元格样式的方法。

【操作概述】

本操作将介绍计算个人所得税表的制作方法。首先输入计算所需的数据，然后输入相应的函数，最后设置表格的样式。完成后的效果如图 4-108 所示。

收入范围			税率	扣除数
0	→	36000	3%	0
36000	→	144000	10%	2520
144000	→	300000	20%	16920
300000	→	420000	25%	31920
420000	→	660000	30%	52920
660000	→	960000	35%	85920
960000	→	∞	45%	181920

免税基数：		应税收入：	120000
年总收入：	120000	应缴税款：	9480

图 4-108　个人所得税表效果图

【操作步骤】

Step 01：启动 Excel 2016，新建一个空白工作簿。选中工作表中的 B4:B12 单元格区域，在【开始】选项卡的【对齐方式】组中单击【合并后居中】按钮，如图 4-109 所示。

Step 02：在合并后的单元格中输入文字，将【字号】设置为【12】，【字体】设置为【微软雅黑】，然后单击【对齐方式】组中的【自动换行】按钮，并调整单元格的宽度，如图 4-110 所示。

图 4-109　合并后居中

图 4-110　设置文字格式

Step 03：使用相同的方法，合并单元格，在单元格中输入文字，如图 4-111 所示。

Step 04：选中 D4 单元格，在功能区选择【插入】选项卡，单击【符号】按钮，在弹出的列表中单击【符号】按钮，如图 4-112 所示。

图 4-111　输入文字

图 4-112　插入符号

Step 05：在弹出的【符号】对话框中，将【子集】设置为【箭头】，然后选择要插入的箭头符号，单击【插入】按钮，如图 4-113 所示。

Step 06：单击【关闭】按钮，将 D4 单元格设置为居中对齐，然后将鼠标放置到 D4 单元格的右下角，光标变为+，按住鼠标左键向下拖动到 D10 单元格，如图 4-114 所示。

图 4-113　选择要插入的箭头符号

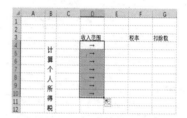

图 4-114　自动填充

Step 07：在其他单元格中输入数据，选中 C3:G10 单元格，将【字号】设置为【11】，【字体】设置为【微软雅黑】，如图 4-115 所示。

Step 08：选中 F4:F10 单元格区域，然后在【数字】组中将【数字格式】设置为【百分比】，如图 4-116 所示。

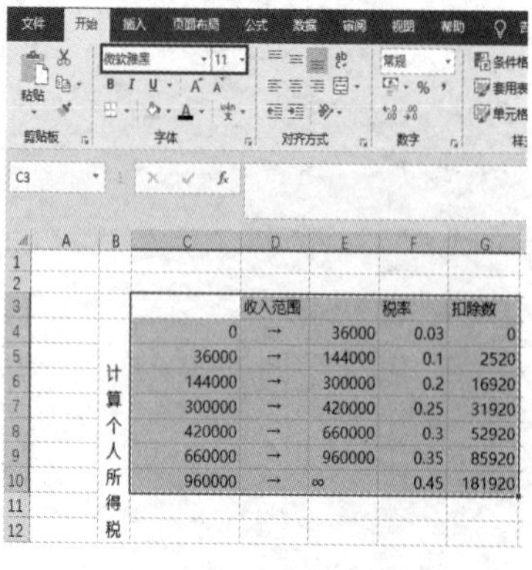

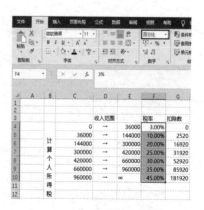

图 4-115　设置字体

图 4-116　设置数字格式

【知识链接】

如果对工作簿中的现有数字应用百分比格式，Excel 会将这些数字乘以 100%，将它们转换为百分比格式。例如，如果单元格数字为 10，Excel 会将该数字乘以 100%，这样在应用百分比格式后会显示 1000.00%，这可能并不是所需要的。若要准确地显示百分比格式，在将数值设置为百分比格式前，要确保它们已按百分比格式进行计算，并且以小数的格式显示，再采用公式 "amount/total=percentage" 计算百分比。例如，如果单元格公式为 "=10/100"，计算的结果将是 0.1。如果将 0.1 设置为百分比格式，则该数字将正确地显示为 10%。

Step 09：在【数字】组中，单击两次【减少小数位数】按钮，设置数据的位数，如图 4-117 所示。

Step 10：在相应的单元格中输入文字，并设置居中对齐，如图 4-118 所示。

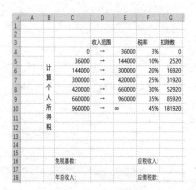

图 4-117　设置数据的位数　　　　　　　图 4-118　输入文字并居中对齐

Step 11：按住 Ctrl 键，同时选中 C16:G16 和 C18:G18 单元格区域，右击，在弹出的快捷菜单中选择【设置单元格格式】命令，如图 4-119 所示。

Step 12：在弹出的【设置单元格格式】对话框中，切换到【边框】选项卡，在【边框】组中设置单元格的下边框，然后单击【确定】按钮，如图 4-120 所示。

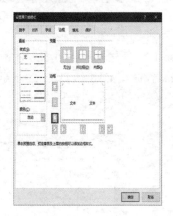

图 4-119　设置单元格格式　　　　　　　图 4-120　设置单元格的下边框

Step 13：选中 G16 单元格后，在【编辑栏】中输入函数 "=IF(D18>D16,D18-D16,IF (D18=D16,0,IF(D18<D16,D18*0)))"，用于计算应税收入，如图 4-121 所示。

Step 14：选中 G18 单元格后，在【编辑栏】中输入函数，用于计算应缴税款，如图 4-122 所示。

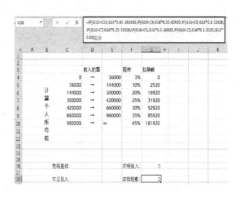

图 4-121　输入函数　　　　　　　　　　　　　　图 4-122　输入函数

提示：通过应用 IF 函数，根据各个范围内的收入，计算出应缴税款。

Step 15：对单元格的【填充颜色】和文字的【字体颜色】进行设置，如图 4-123 所示。

Step 16：选中 C4:G12 单元格区域，在【字体】组中将【边框】设置为【粗外侧框线】，如图 4-124 所示。

图 4-123　设置颜色　　　　　　　　　　　　　　图 4-124　设置边框

Step 17：使用相同的方法设置其他边框格式，如图 4-125 所示。

Step 18：在 D16 和 D18 单元格中输入数字，G16 和 G18 单元格中将自动计算出应税收入和应缴税款的结果，如图 4-126 所示。

图 4-125　设置其他边框格式　　　　　　　　　图 4-126　自动计算应税收入和应缴税款

项目 5　PowerPoint 2016 的应用

任务 5.1　幻灯片的制作和编辑

操作　制作幻灯片纲要及流程

【学习目标】

1. 学习文本和形状工具的使用方法。
2. 掌握幻灯片纲要及流程的制作流程。

【操作概述】

本操作将讲解幻灯片中常见的纲要及流程的制作方法，具体操作方法如下。完成后的效果如图 5-1 所示。

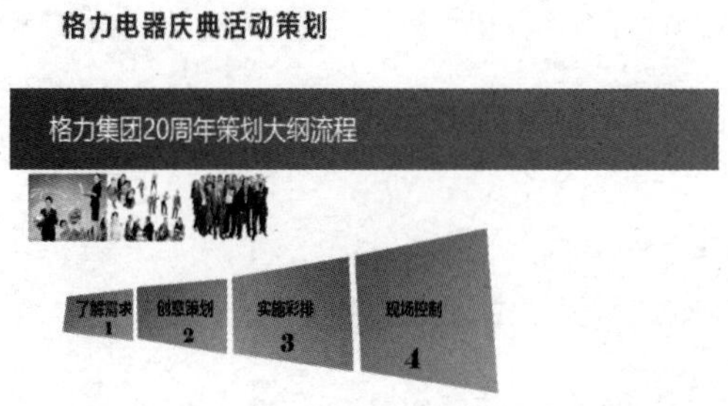

（a）　　　　　　　　　　　　　　　　（b）

图 5-1　纲要及流程效果图

【操作步骤】

Step 01：新建一个空白演示文稿，如图 5-2 所示。

Step 02：切换到【设计】选项卡，在【自定义】组中单击【幻灯片大小】按钮，在弹出的下拉列表中选择【自定义幻灯片大小】选项，弹出【页面设置】对话框，将【幻灯片大小】设为【全屏显示（16∶9）】，然后单击【确定】按钮，如图 5-3 所示。

Step 03：切换到【插入】选项卡，在【文本框】组中选择【横排文本框】选项，在正文中插入文本框，如图 5-4 所示。

Step 04：在文本框内输入"格力电器庆典活动策划"，在【开始】选项卡的【字体】组中将【字体】设为【微软雅黑】，【字号】设为【24】，单击【加粗】按钮，将【字符间距】设为

【稀疏】，【字体颜色】设为【深蓝】，如图 5-5 所示。

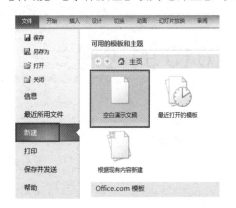

图 5-2　新建空白演示文稿　　　　　　　　　　　图 5-3　【页面设置】对话框

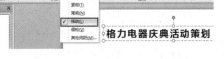

图 5-4　插入文本框　　　　　　　　　　　　　　图 5-5　设置文字格式

Step 05：使用同样的方法，再添加一个文本框，并在其内输入"20 周年庆典策划纲要"，将【字体】设为【微软雅黑】，【字号】设为【36】，将【字符间距】设为【稀疏】，如图 5-6 所示。

图 5-6　设置文字格式

Step 06：在文本框中选择文字"20"，将【字体】设为【Elephant】，完成后的效果如图 5-7 所示。

Step 07：在功能区选择【插入】选项卡，在【插图】组中单击【形状】按钮，在弹出的下拉列表中选择【矩形】选项，如图 5-8 所示。

Step 08：按住 Shift 键绘制正方形，切换到【绘图工具】下的【格式】选项卡，在【大小】组中将【高度】和【宽度】分别设为【3.1 厘米】，如图 5-9 所示。

Step 09：选择上一步绘制的形状，在【格式】选项卡中单击【形状填充】按钮，在弹出的下拉列表中选择【渐变】→【深色变体】→【中心辐射】选项，如图 5-10 所示。

图 5-7　设置文字格式

图 5-8　插入形状

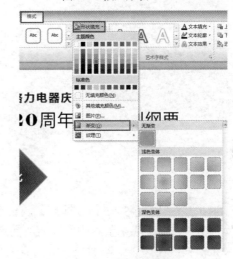

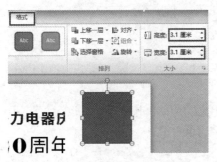

图 5-9　设置形状格式

图 5-10　设置填充颜色

小技巧：在实际操作过程中，在绘制形状时，用户可以按住 S 键进行绘制，这样可以绘出等边形状。

Step 10：按住 Shift 键对创建的正方形进行旋转，并在其内插入【横排文本框】，并在文本框内输入"文化"，将文字【字体】设为【微软雅黑】，【字号】设为【20】，并单击【加粗】按钮，【字体颜色】设为【白色】，如图 5-11 所示。

Step 11：选择形状和文字，右击，选择【组合】→【组合】命令将其组合，如图 5-12 所示。

图 5-11　设置文字格式

图 5-12　组合形状和文字

Step 12：将此文本框复制三次，分别粘贴后对其中的文字进行修改。在功能区选择【开始】选项卡，在【绘图】组中单击【排列】按钮，选择【对齐】→【上下居中】选项，如图 5-13 所示。

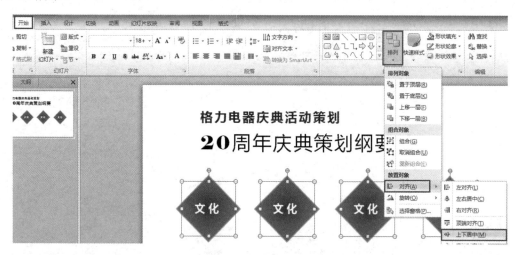

图 5-13　对齐文本框

Step 13：在功能区选择【插入】选项卡，在【插图】组中单击【形状】按钮，在弹出的下拉列表中选择【线条】组中的【箭头】选项，如图 5-14 所示。

Step 14：在场景中绘制箭头，选择【绘图工具】下的【格式】选项卡，在【形状样式】组中单击【形状轮廓】按钮，在弹出的下拉列表中选择【粗细】→【4.5 磅】选项，将其【轮廓颜色】设为【蓝色】。完成后的效果如图 5-15 所示。

图 5-14　插入箭头

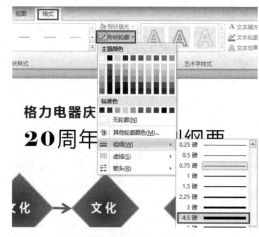

图 5-15　设置形状轮廓格式

Step 15：复制上一步创建的箭头，完成后的效果如图 5-16 所示。

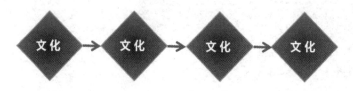

图 5-16　复制箭头

提示： 用户在复制形状时可以按着 Ctrl 键，选择形状，按住鼠标左键进行拖动，这样就可以对对象进行复制了。

Step 16：插入【横排文本框】，并在其内输入文字，将【字体】设为【微软雅黑】，【字号】设为【14】。完成后的效果如图 5-17 所示。

Step 17：选择第一张幻灯片，按 Ctrl+C 组合键进行复制，然后右击，在弹出的快捷菜单中选择【保留源格式】选项进行粘贴，如图 5-18 所示。

图 5-17　设置文本框格式　　　　　　　　　图 5-18　复制、粘贴幻灯片

Step 18：将多余的文字删除，将保留的文字的【字体颜色】设为【深红】，如图 5-19 所示。

图 5-19　设置文字颜色

Step 19：在功能区选择【插入】选项卡，在【插图】组中单击【形状】按钮，在弹出的下拉列表中选择【矩形】选项，在场景中绘制出一个矩形，如图 5-20 所示。

Step 20：选择矩形，在功能区选择【格式】选项卡，在【形状填充】组中选择【渐变】→【从左下角】选项，如图 5-21 所示。

Step 21：将【形状轮廓】设为【无轮廓】，如图 5-22 所示。

Step 22：插入文本框，输入文字，将【字体】设为【微软雅黑】，【字号】设为【24】，并单击【加粗】按钮，将【字体颜色】设为【白色】。完成后的效果如图 5-23 所示。

Step 23：在功能区选择【插入】选项卡，选择素材图片并插入到场景中。选择图片，在功能区中选择【格式】选项卡，单击【大小】组中的 ⬜ 按钮，如图 5-24 所示。

Step 24：打开【设置图片格式】对话框，设置图片的【高度】为【2 厘米】，【宽度】为【2.8 厘米】，并取消勾选【锁定纵横比】复选框，设置方法如图 5-25 所示。

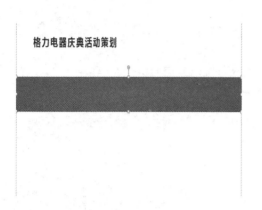

图 5-20　绘制矩形

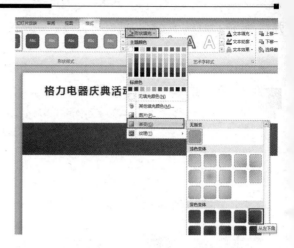

图 5-21　填充矩形框

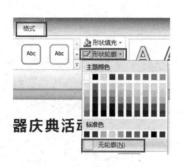

图 5-22　设置形状轮廓

图 5-23　设置文字格式

图 5-24　插入素材图片

图 5-25　设置图片格式

Step 25：按上面的方法依次插入三张图片，并设置图片大小，效果如图 5-26 所示。

Step 26：同时选中这三张图片，在功能区选择【开始】选项卡，在【绘图】组中单击【排列】按钮，设置排列方式为【对齐】→【顶端对齐】，同时调整图片位置，如图 5-27 所示。

Step 27：在功能区选择【插入】选项卡，在【插图】组中单击【形状】按钮，在弹出的下拉列表中选择【矩形】选项，如图 5-28 所示。

Step 28：选择矩形，在【格式】选项卡的【插入形状】组中单击【编辑形状】按钮，在弹出的下拉列表中选择【编辑顶点】选项，对顶点进行调整，如图 5-29 所示。

图 5-26　插入图片

图 5-27　设置排列方式

图 5-28　插入矩形

图 5-29　编辑形状

Step 29：选择调整后的形状，将【格式】选项卡中的【形状轮廓】设为【无轮廓】，单击【形状填充】按钮，在弹出的下拉列表中选择【蓝色】，然后选择【渐变】→【线性对角-左上到右下】选项，如图 5-30 所示。

Step 30：在创建的形状内输入文字，将【字体】设为【微软雅黑】，将【字号】设为【14】，并单击【加粗】按钮，【字体颜色】设为【黑色】，效果如图 5-31 所示。

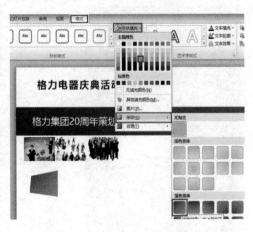

图 5-30　形状填充

图 5-31　设置文字格式

Step 31：使用同样的方法绘制其他的矩形，并输入文字。完成后的效果如图 5-32 所示。

Step 32：插入文本框，并在其内输入文字，将【字体】设为【Impact】，【字体颜色】设为【黑色】，对字号进行适当调整。完成后的效果如图 5-33 所示。

图 5-32　绘制矩形并输入文字　　　　　图 5-33　插入文本框并输入文字

提示：除了绘制矩形，也可以将上一步绘制的矩形进行复制，并对其形状进行更改，达到想要的效果即可。

任务 5.2　多媒体及动画设置

操作　制作个人简历编写技巧幻灯片

【学习目标】

1. 学习添加动画的方法。
2. 掌握设置动画效果的方法。

【操作概述】

本操作将介绍个人简历编写技巧幻灯片的动画效果的制作。该幻灯片主要分为四部分：第一部分是片头，第二部分是关于个人简历编写八大误区，第三部分是如何编写一份好的个人简历，第四部分是结束语。完成后的效果如图 5-34 所示。

（a）

（b）

（c）

（d）

图 5-34　个人简历编写技巧幻灯片效果图

（e）

（f）

图 5-34　个人简历编写技巧幻灯片效果图（续）

【操作步骤】

Step 01：按 Ctrl+N 组合键新建一个空白演示文稿，选择【设计】选项卡，单击【页面设置】按钮，在弹出的对话框中选择【全屏显示（4：3）】选项，如图 5-35 所示。

Step 02：在功能区选择【设计】选项卡，单击【背景样式】按钮，设置【背景样式】为【浅蓝色】，如图 5-36 所示。

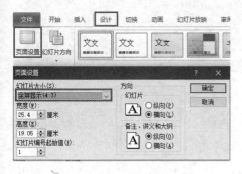

图 5-35　页面设置

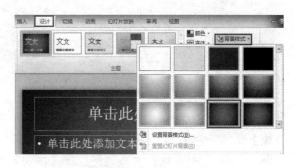

图 5-36　设置背景样式

提示：也可以插入图片作为背景。

Step 03：再次单击【背景样式】按钮，选择【设置背景格式】选项，打开【设置背景格式】对话框。选择【填充】选项，重新调整页面颜色，修改【渐变光圈】、【亮度】、【透明度】等参数，设置为自己认为合适的效果，如图 5-37 所示。

Step 04：选中此页面，右击，在右键菜单中选择【复制】命令，如图 5-38 所示。

图 5-37　设置背景格式

图 5-38　复制

Step 05：在页面空白处右击，在右键菜单中选择【粘贴选项（保留源格式）】命令，复制5 个页面，如图 5-39 所示。

Step 06：在功能区选择【插入】选项卡，在【文本】组中单击【文本框】按钮，在弹出的下拉列表中选择【垂直文本框】选项，在幻灯片中绘制文本框并输入文字；输入文字后选择文本框，在【开始】选项卡的【字体】组中将【字体】设置为【华文楷体】，将【字号】设置为【48】，【字体颜色】设置为【白色】，并单击【加粗】按钮，然后单击【字符间距】按钮，在弹出的下拉列表中选择【很松】选项，如图 5-40 所示。

图 5-39　粘贴选项

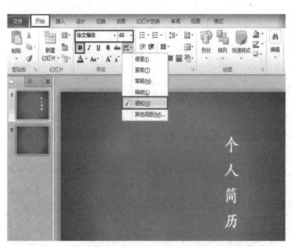

图 5-40　设置文字格式

Step 07：在功能区选择【插入】选项卡，单击【形状】按钮，在弹出的下拉列表中选择【直线】选项，并在正文中画线，如图 5-41 所示。

Step 08：选择直线，在功能区选择【格式】选项卡，单击【形状轮廓】按钮，在弹出的下拉列表中选择【白色】，选择【形状轮廓】为【虚线】→【方点】，如图 5-42 所示。

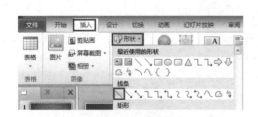

图 5-41　插入直线

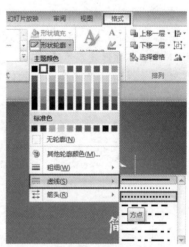

图 5-42　设置线条格式

Step 09：按 Step 04 的方式，继续输入文字"编写技巧"，并设置文字格式为【微软雅黑】、【24】、【白色】，如图 5-43 所示。

Step 10：在功能区选择【插入】选项卡，单击【图片】按钮，插入一张图片，如图 5-44 所示。

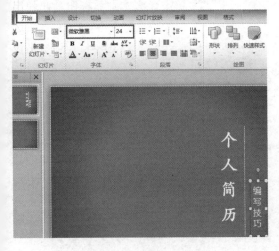

图 5-43　设置文字格式

图 5-44　插入图片

Step 11：在幻灯片中选择直线，然后选择【动画】选项卡，单击【添加动画】按钮，在弹出的下拉列表中选择【擦除】选项，即可为直线添加该动画效果，如图 5-45 所示。

Step 12：在【动画】组中单击【效果选项】按钮，在弹出的下拉列表中选择【自顶部】选项，如图 5-46 所示。

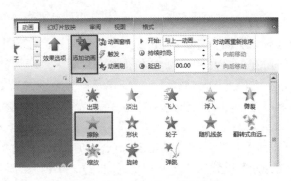

图 5-45　添加动画效果

图 5-46　设置效果选项

Step 13：在【计时】组中将【开始】设置为【与上一动画同时】，将【持续时间】设置为【01.00】，【延迟】设置为【00.20】，如图 5-47 所示。

Step 14：选择"个人简历"文本框，在【动画】选项卡中为其添加【擦除】动画效果，然后单击【效果选项】按钮，在弹出的下拉列表中选择【自右侧】选项，在【计时】组中将【开始】设置为【与上一动画同时】，将【持续时间】设置为【01.00】，将【延迟】设置为【00.20】，如图 5-48 所示。

Step 15：结合前面介绍的方法，为"编写技巧"文本框添加动画效果，并对动画效果进行设置，如图 5-49 所示。

Step 16：选择【切换】选项卡，在【计时】组中取消选中【单击鼠标时】复选框，选中【设置自动换片时间】复选框，将时间设置为【00:02.00】，如图 5-50 所示。

图 5-47　设置动画持续时间

图 5-48　设置动画效果（1）

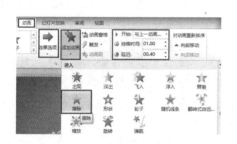

图 5-49　设置动画效果（2）

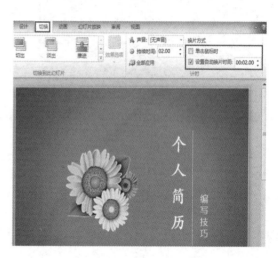

图 5-50　设置自动换片时间

Step 17：选择第二张幻灯片，选择【插入】选项卡，单击【文本框】按钮，在弹出的下拉列表中选择【横排文本框】选项，然后在幻灯片中绘制文本框并输入文字"个人简历编写"。输入文字后选择文本框，在【开始】选项卡的【字体】组中，将【字体】设置为【微软雅黑】，将【字号】设置为【32】，并单击【加粗】按钮，【字符间距】设置为【很松】，如图 5-51 所示。

Step 18：选择【动画】选项卡，在【动画】组中选择【淡出】选项，即可为输入的文字添加该动画效果，然后在【计时】组中将【开始】设置为【与上一动画同时】，将【持续时间】设置为【01.00】，如图 5-52 所示。

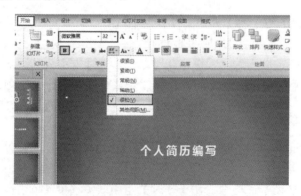

图 5-51　输入文字并设置格式

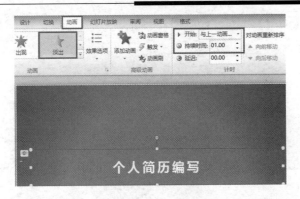

图 5-52　设置动画效果

Step 19：结合前面介绍的方法继续输入文字，并为输入的文字添加动画效果，如图 5-53 所示。

Step 20：选择【开始】选项卡，在【绘图】组中单击【形状】按钮，在弹出的下拉列表中选择【矩形】选项，如图 5-54 所示。

图 5-53　添加动画效果

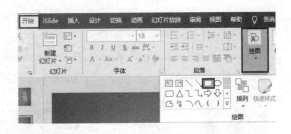

图 5-54　选择【矩形】形状

Step 21：在幻灯片中绘制矩形，如图 5-55 所示。

Step 22：选择矩形，在【格式】选项卡中，单击【形状填充】按钮，选择【渐变】→【从左下角】选项，并设置【形状轮廓】为【无轮廓】，如图 5-56 所示。

Step 23：选择【动画】选项卡，在【动画】组中为矩形添加【擦除】动画效果，然后单击【效果选项】按钮，在弹出的下拉列表中选择【自左侧】选项，将【计时】组【开始】设置为【上一动画之后】，将【持续时间】设置为【00.40】，如图 5-57 所示。

图 5-55　绘制矩形

提示：

若想调整渐变的效果，可以选择【格式】→【形状填充】→【渐变】→【其他渐变】选项，打开【设置形状格式】任务窗格，选择【填充】→【渐变填充】选项，设置【渐变光圈】、【亮度】、【透明度】等参数。

Step 24：选择【插入】选项卡，在【文本】组中单击【文本框】按钮，在幻灯片中绘制文本框并输入文字 "E"；输入文字后选择文本框，在【开始】选项卡的【字体】组中将【字体】设置为【微软雅黑】，将【字号】设置为【44】，将【字体颜色】设置为【黑色，背景 1，淡色 25%】，并单击【加粗】按钮，如图 5-58 所示。

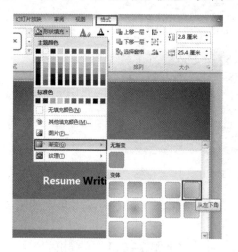

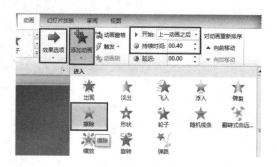

图 5-56　设置渐变效果　　　　　　　　图 5-57　设置动画效果

Step 25：选择【动画】选项卡，在【动画】组中单击 按钮，在弹出的下拉列表中选择【更多进入效果】选项，如图 5-59 所示。

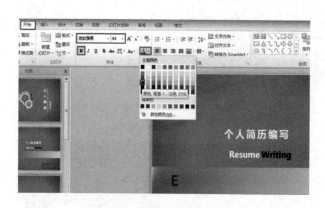

图 5-58　输入文字并设置格式　　　　　　图 5-59　选择其他动画效果

Step 26：弹出【更多进入效果】对话框，在该对话框中选择【基本旋转】选项，单击【确定】按钮，即可为文字添加该动画效果，如图 5-60 所示。

Step 27：在【计时】组中将【开始】设置为【上一动画之后】，将【持续时间】设置为【00.50】，将【延迟】设置为【00.10】，如图 5-61 所示。

【知识链接】

选择【动画】选项卡，在【计时】组中选择一种动画开始方式。

单击时：选择此选项，则当幻灯片放映到动画效果序列中的该动画时，单击鼠标才开始显示动画效果，否则将一直停在此位置以等待用户单击鼠标来激活。

与上一动画同时：选择此选项，则该动画效果和前一个动画效果同时发生。

图 5-60　为文字添加动画　　　　　　　　　　　图 5-61　设置动画持续时间

上一动画之后：选择此选项，则该动画效果将在前一个动画效果播放完时发生。

Step 28：继续输入文字，并分别为输入的文字添加动画效果，如图 5-62 所示。

Step 29：选择【开始】选项卡，在【绘图】组中单击【形状】按钮，在弹出的下拉列表中选择【圆角矩形】选项，如图 5-63 所示。

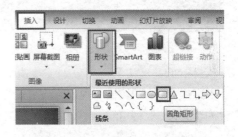

图 5-62　为输入的文字添加动画效果　　　　　　图 5-63　绘制圆角矩形

Step 30：在幻灯片中绘制圆角矩形，选择【绘图工具】下的【格式】选项卡，在【形状样式】组中单击【形状填充】按钮，在弹出的下拉列表中选择【深蓝，背景 2，深色 25%】选项，如图 5-64 所示。

Step 31：单击【形状轮廓】按钮，在弹出的下拉列表中选择【无轮廓】选项，取消轮廓线填充。然后单击【形状效果】按钮，在弹出的下拉列表中选择【阴影】→【右下斜偏移】选项，如图 5-65 所示。

Step 32：切换到【插入】选项卡，在【文本】组中单击【文本框】按钮，在幻灯片中绘制文本框并输入文字；输入文字后选择文本框，在【开始】选项卡的【字体】组中将【字体】设置为【微软雅黑】，将【字号】设置为【24】，将【字体颜色】设置为【白色】，并单击【加粗】按钮，如图 5-66 所示。

Step 33：选择圆角矩形和输入的文字，右击，在弹出的快捷菜单中选择【组合】→【组合】命令，如图 5-67 所示。

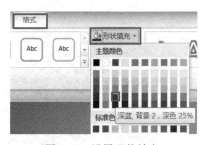

图 5-64　设置形状填充

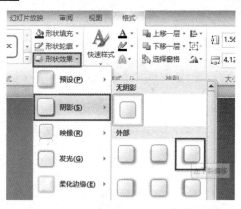

图 5-65　设置形状效果

图 5-66　绘制文本框并输入文字

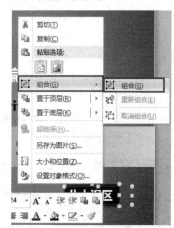

图 5-67　组合

Step 34：确认组合对象处于被选中状态，选择【绘图工具】下的【格式】选项卡，在【大小】组中单击 按钮，弹出【设置形状格式】任务窗格，在【大小】选项组中将【旋转】设置为【348 °】，并自行调整组合对象的位置，效果如图 5-68 所示。

Step 35：选中组合对象，选择【动画】选项卡，在【动画】组中单击 按钮，在弹出的下拉列表中选择【更多进入效果】选项，弹出【添加进入效果】对话框，在该对话框中选择【基本缩放】选项，单击【确定】按钮，即可为组合对象添加该动画效果，如图 5-69 所示。

图 5-68　设置形状格式

图 5-69　添加进入效果

Step 36：在【动画】组中单击【效果选项】按钮，在弹出的下拉列表中选择【缩小】选项，在【计时】组中将【开始】设置为【上一动画之后】，将【持续时间】设置为【00.50】，将【延迟】设置为【00.40】，如图 5-70 所示。

Step 37：切换到【切换】选项卡，在【切换到此幻灯片】组中单击　　按钮，在弹出的下拉列表中选择【平移】效果，如图 5-71 所示。

图 5-70　设置持续时间

图 5-71　设置切换效果

提示：切换效果是指幻灯片之间衔接时的特殊效果。在幻灯片放映过程中，由一张幻灯片转换到另一张幻灯片时，可以设置多种不同的切换方式。

Step 38：在【计时】组中取消选中【单击鼠标时】复选框，然后选中【设置自动换片时间】复选框，将时间设置为【00:06.00】，如图 5-72 所示。

Step 39：单击第三张幻灯片，选择【插入】选项卡，在【文本】组中单击【文本框】按钮，在幻灯片中绘制文本框并输入文字；输入文字后选择文本框，在【开始】选项卡的【字体】组中将【字体】设置为【微软雅黑】，将【字号】设置为【22】，将【字体颜色】设置为【白色】，如图 5-73 所示。

图 5-72　设置自动换片时间

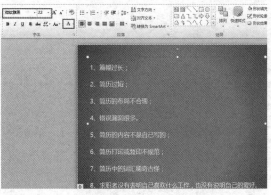

图 5-73　绘制文本框并输入文字

Step 40：在【段落】组中单击【行距】按钮，在弹出的对话框中选择【双倍行距】，如图 5-74 所示。

Step 41：单击【字体】组中 ▓ 按钮，弹出【字体】对话框，在【字符间距】选项卡中将【间距】设置为【加宽】，将【度量值】设置为【2】磅，单击【确定】按钮，如图 5-75 所示。

图 5-74　设置行距

图 5-75　设置字符间距

Step 42：切换到【动画】选项卡，在【动画】组中单击 ▓ 按钮，在弹出的下拉列表中选择【劈裂】选项，即可添加该动画效果，如图 5-76 所示。

Step 43：在【计时】组中将【开始】设置为【与上一动画同时】，将【持续时间】设置为【00.50】，如图 5-77 所示。

图 5-76　选择【劈裂】选项

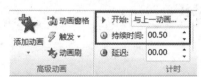
图 5-77　设置持续时间

Step 44：选择【切换】选项卡，在【切换到此幻灯片】组中为幻灯片添加【淡出】切换效果，然后取消勾选【单击鼠标时】复选框，勾选【设置自动换片时间】复选框，将时间设置为【00:05.00】，如图 5-78 所示。

Step 45：单击第四张幻灯片，选择【插入】选项卡，在【文本】组中单击【文本框】按钮，在幻灯片中绘制文本框并输入文字。输入文字后选择文本框，在【开始】选项卡的【字体】组中将【字体】设置为【微软雅黑】，将【字号】设置为【40】，并单击【加粗】按钮，如图 5-79 所示。

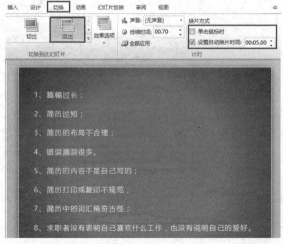
图 5-78　设置切换效果

图 5-79　绘制文本框并输入文字

Step 46：选择【动画】选项卡，在【动画】组中选择【出现】选项，即可添加该动画效果，如图 5-80 所示。

Step 47：切换到【计时】组，将【开始】设置为【上一动画之后】，将【持续时间】设置为【00.50】，【延迟】设置为【00.25】，单击【确定】按钮，如图 5-81 所示。

图 5-80　添加动画效果

图 5-81　设置持续时间

Step 48：继续绘制文本框并在其中输入"？"，然后选择文本框，在【开始】选项卡的【字体】组中，将【字体】设置为【Arial Unicode MS】，将【字号】设置为【300】，将【字体颜色】设置为【深红】，然后单击【加粗】按钮和【文字阴影】按钮，如图 5-82 所示。

Step 49：切换到【动画】选项卡，在【动画】组中为文本框添加【弹跳】动画效果，在【计时】组中将【开始】设置为【上一动画之后】，将【持续时间】设置为【02.00】，【延迟】设置为【00.00】，如图 5-83 所示。

图 5-82　设置文字格式

图 5-83　添加【弹跳】动画效果

Step 50：切换到【切换】选项卡，在【切换到此幻灯片】组中为幻灯片添加【擦除】效果，然后在【计时】组中取消勾选【单击鼠标时】复选框，勾选【设置自动换片时间】复选框，将时间设置为【00:04.00】，如图 5-84 所示。

Step 51：结合前面的制作方法，制作第五张和第六张幻灯片，效果如图 5-85、图 5-86 所示。

【知识链接】

在普通视图中，只可以看到一张幻灯片，如果需要转到其他幻灯片，可以使用以下方法。

（1）直接拖动垂直滚动条上的滚动块，系统会提示幻灯片的编号和标题，如果已经指到所要看的幻灯片，释放鼠标左键，即可切换到该幻灯片中。

（2）单击垂直滚动条中的【上一张幻灯片】按钮，可以切换到当前幻灯片的上一张；单击【下一张幻灯片】按钮，可以切换到当前幻灯片的下一张。

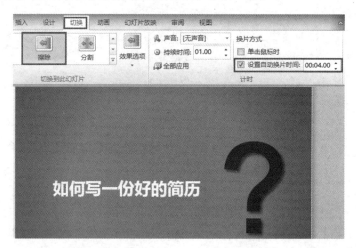

图 5-84　添加切换效果和时间

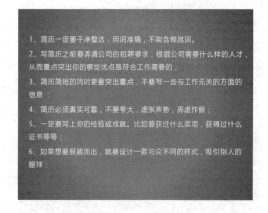

图 5-85　第五张幻灯片效果

图 5-86　第六张幻灯片效果

任务 5.3　图表制作及其他

操作 1　制作公司组织结构图

【学习目标】

1. 学习插入组织结构图的方法。
2. 掌握在组织结构图中添加形状并更改布局的方法。

【操作概述】

组织结构图是组织架构的直观反映，是最常见的表现雇员、职称和群体关系的一种图表，它形象地反映了组织内各机构、岗位上下、左右之间的关系。本操作将介绍骏马广告公司组织结构图的制作方法，完成后的效果如图 5-87 所示。

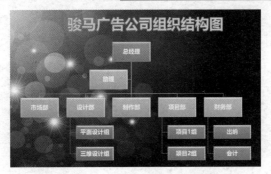

图 5-87　骏马广告公司组织结构图效果图

【操作步骤】

Step 01：按 Ctrl+N 组合键新建一个空白演示文稿，并将幻灯片的大小设置为【标准（4∶3）】，如图 5-88 所示。

Step 02：在功能区选择【插入】选项卡，在【图像】组中单击【图片】按钮，弹出【插入图片】对话框。在该对话框中选择素材图片"组织结构图背景.png"，单击【插入】按钮，即可将选择的素材图片插入至幻灯片中，如图 5-89 所示。

图 5-88　新建一个空白演示文稿　　　　　　　图 5-89　选择素材图片

Step 03：选中图片，右击，在弹出的快捷菜单中选择【设置图片格式】命令，弹出【设置图片格式】任务窗格，如图 5-90 所示。

Step 04：在【大小】选项组中取消选中【锁定纵横比】复选框，将【高度】设置为【19.05厘米】，并在幻灯片中调整图片位置，效果如图 5-91 所示。

图 5-90　选择【设置图片格式】命令　　　　　图 5-91　设置图片格式

Step 05：在功能区选择【插入】选项卡，在【文本】组中单击【文本框】按钮，在弹出的下拉列表中选择【横排文本框】选项，然后在幻灯片中绘制文本框，如图 5-92 所示。

图 5-92　绘制文本框

Step 06：输入文字后选择文本框，在【开始】选项卡的【字体】组中将【字体】设置为【微软雅黑】，将【字号】设置为【44】，单击【加粗】按钮，并单击【字符间距】按钮，在弹出的下拉列表中选择【稀疏】选项，如图 5-93 所示。

Step 07：选中文字，选择【格式】选项卡，在【艺术字样式】组中单击 按钮，在弹出的下拉列表中选择如图 5-94 所示的艺术字样式。

图 5-93　设置文字格式

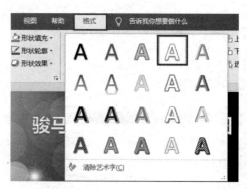

图 5-94　设置艺术字样式

Step 08：在【艺术字样式】组中单击【文本填充】按钮，在弹出的下拉列表中选择【黄色】选项，如图 5-95 所示。

Step 09：在【艺术字样式】组中单击 按钮，弹出【设置形状格式】任务窗格，在【阴影】选项组中将【颜色】设置为【白色】，如图 5-96 所示。

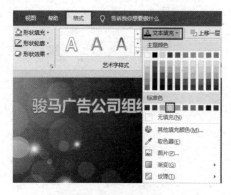

图 5-95　设置文本填充颜色

图 5-96　设置形状格式

Step 10：在功能区选择【插入】选项卡，在【插图】组中单击【SmartArt】按钮，弹出【选择 SmartArt 图形】对话框，在左侧列表中选择【层次结构】选项，然后在右侧的框中选择【组织结构图】选项，单击【确定】按钮，即可在幻灯片中插入组织结构图，如图 5-97 所示。

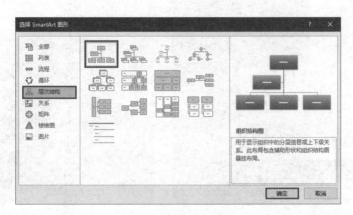

图 5-97　插入组织结构图

Step 11：选择组织结构图，然后选择【SmartArt 工具】下的【格式】选项卡，在【大小】组中将【高度】设置为【12.6 厘米】，将【宽度】设置为【23.71 厘米】，并在幻灯片中调整其位置，如图 5-98 所示。

图 5-98　设置组织结构图格式

提示：在插入的组织结构图中可以看到，图形中包含一些占位符，这是为减少用户工作量而设计的，使得用户向组织结构图中输入信息的工作变得简单易行。

Step 12：在幻灯片中选择如图 5-99 所示图形，然后右击，在右键菜单中选择【添加形状】→【在后面添加形状】命令，即可在后面添加一个新形状。

Step 13：使用同样的方法，继续添加形状，效果如图 5-100 所示。

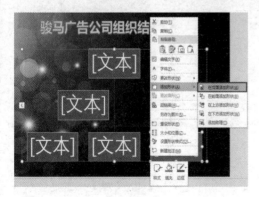

图 5-99　在后面添加一个新形状

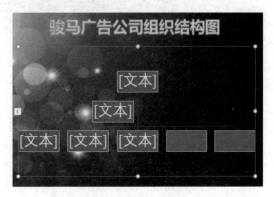

图 5-100　继续添加形状

Step 14：在幻灯片中选择如图 5-101 所示的图形，然后右击，在右键菜单中选择【添加形状】→【在下方添加形状】命令，即可在下方添加一个新形状。

Step 15：重复以上操作可在新添加的形状后面继续添加形状，如图 5-102 所示。

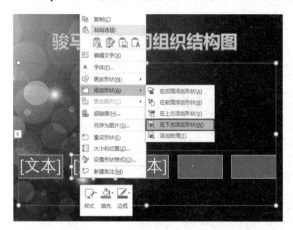
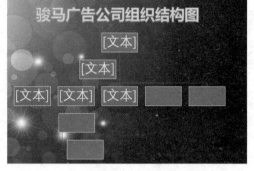

图 5-101　在下方添加一个新形状　　　　　　　图 5-102　继续添加形状

Step 16：在幻灯片中选择三个形状，然后在【创建图形】组中单击【布局】按钮，在弹出的下拉列表中选择【标准】选项，即可更改布局，如图 5-103 所示。

Step 17：结合前面介绍的方法，继续添加形状并更改布局，效果如图 5-104 所示。

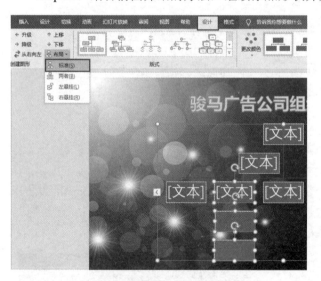
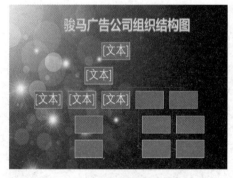

图 5-103　更改布局　　　　　　　　　图 5-104　继续添加形状并更改布局

Step 18：在幻灯片中选择如图 5-105 所示的形状，然后选择【SmartArt 工具】下的【格式】选项卡，在【大小】组中将【高度】设置为【1.43 厘米】，将【宽度】设置为【4.1 厘米】。

Step 19：在插入的组织结构图中输入内容，并将组织结构图颜色调整为黄色，如图 5-106 所示。

Step 20：选择整个组织结构图，将图形的颜色改为如图 5-107 所示的颜色。

Step 21：选择整个组织结构图，然后在【字体】组中将【字号】设置为【18】，【字体】设置为【微软雅黑】、【加粗】，【字体颜色】设置为【白色】，如图 5-108 所示。

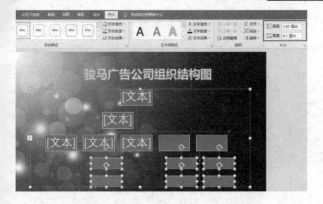

图 5-105　在组织结构图中输入内容

图 5-106　调整组织结构图颜色

图 5-107　调整图形的颜色

图 5-108　调整文字格式

操作 2　制作培训方案幻灯片

【学习目标】

1. 学习矩形展开动画效果的添加方法。
2. 掌握退出动画效果的添加与应用。
3. 掌握图形的绘制方法。
4. 学习并掌握超链接的添加方法。

【操作概述】

　　本操作将介绍如何制作培训方案幻灯片。为幻灯片添加素材图片、图形及文字，并为其添加动画效果，最后为输入的文字添加超链接，从而完成最终效果。效果如图 5-109 所示。

【操作步骤】

　　Step 01：新建一个空白演示文稿，选择【设计】选项卡，在【自定义】组中单击【幻灯片大小】按钮，在弹出的下拉列表中选择【标准（4∶3）】选项。选择【开始】选项卡，在【幻灯片】组中单击【版式】按钮，在弹出的下拉列表中选择【空白】选项，如图 5-110 所示。

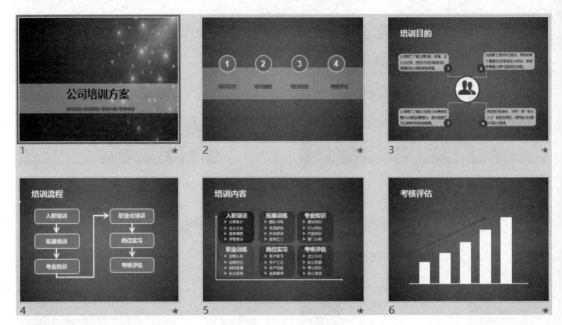

图 5-109　培训方案幻灯片效果图

　　Step 02：在幻灯片中右击，在弹出的快捷菜单中选择【设置背景格式】命令，在弹出的任务窗格中勾选【渐变填充】选项，将【类型】设置为【射线】，将【方向】设置为【中心辐射】，将位置 0 处的【渐变光圈】的 RGB 值设置为（36、154、220），将位置 100 处的【渐变光圈】的 RGB 值设置为（3、61、119），将其他渐变光圈删除，单击【应用到全部】按钮，如图 5-111 所示。

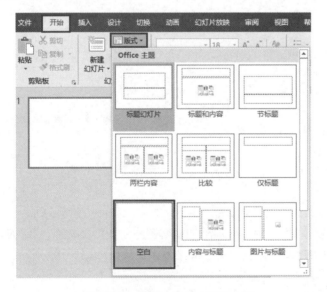

图 5-110　新建一个空白演示文稿

图 5-111　设置背景格式

　　Step 03：在功能区选择【插入】选项卡，在【插图】组中单击【形状】按钮，在弹出的下拉列表中选择【矩形】选项，在幻灯片中绘制一个与幻灯片大小相同的矩形；选中该矩形，在【设置形状格式】任务窗格中单击【填充与线条】按钮，在【填充】组中勾选【图片或纹理填充】选项，单击【文件】按钮，在弹出的对话框中选择"背景图.png"素材图片，如图 5-112 所示。

Step 04：单击【插入】按钮插入图片，选择图片，并将图片【透明度】设置为【20%】，在【线条】选项组中勾选【无线条】选项，如图 5-113 所示。

图 5-112　插入图片

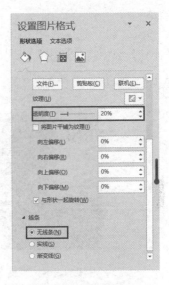

图 5-113　设置图片格式

Step 05：在功能区选择【插入】选项卡，在【插图】组中单击【形状】按钮，在弹出的下拉列表中选择【矩形】选项，在幻灯片中绘制一个矩形；选中绘制的矩形，在【设置形状格式】任务窗格中单击【填充与线条】按钮，在【填充】选项组中将【颜色】设置为【白色】，将【透明度】设置为【50%】，在【线条】选项组中选择【无线条】选项，并在幻灯片中调整其大小及位置，如图 5-114 所示。

Step 06：选中该矩形，选择【动画】选项卡，在【动画】组中单击 按钮，在弹出的下拉列表中选择【劈裂】选项，将【效果选项】设置为【中央向上下展开】，在【计时】组中将【开始】设置为【上一动画之后】，如图 5-115 所示。

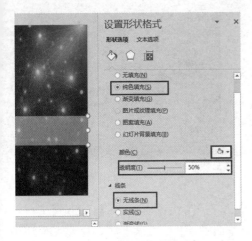

图 5-114　设置形状格式

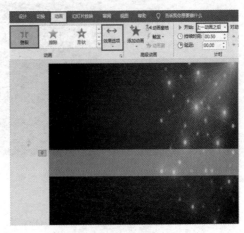

图 5-115　选择【劈裂】选项

提示：此处绘制的矩形与幻灯片的宽度相同。

Step 07：在功能区选择【插入】选项卡，在【文本】组中单击【文本框】按钮，在弹出的下拉列表中选择【横排文本框】选项，在幻灯片中绘制一个文本框，输入文字并选中，在【字体】组中将【字体】设置为【微软雅黑】，将【字号】大小设置为【48】，单击【加粗】按钮，单击【字体颜色】中的【取色器】按钮，选取左上角图片的颜色作为字体颜色，如图 5-116 所示。

Step 08：选中该文本框，选择【动画】选项卡，在【动画】组中选择【淡入】选项，在【计时】组中将【开始】设置为【上一动画之后】，如图 5-117 所示。

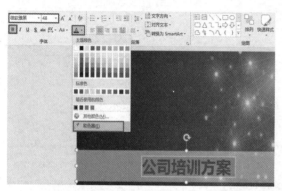

图 5-116　绘制文本框并输入文字

图 5-117　设置动画效果

Step 09：选择【横排文本框】选项在幻灯片中绘制一个文本框，输入文字；选中输入的文字，选择【开始】选项卡，在【字体】组中将【字体】设置为【宋体】，将【字号】大小设置为【18】，单击【加粗】按钮，将【字体颜色】设置为【蓝灰色】，在【段落】组中单击【居中】按钮，如图 5-118 所示。

Step 10：选中该文本框，选择【动画】选项卡，在【动画】组中选择【淡入】选项，在【计时】组中将【开始】设置为【与上一动画同时】，如图 5-119 所示。

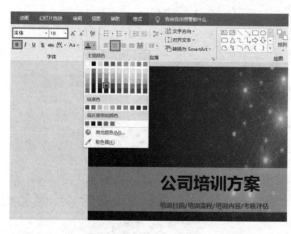

图 5-118　设置文字格式

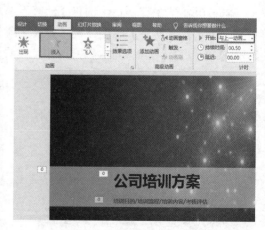

图 5-119　设置动画效果

提示：在 Step 09 中将中文的字体设置为【宋体】，将符号的字体设置为【Calibri】。

Step 11：选择第一张幻灯片，按 Enter 键新建一个空白幻灯片，在功能区选择【插入】选项卡，在【插图】组中单击【形状】按钮，在弹出的下拉列表中选择【矩形】选项，在幻灯片中绘制一个矩形；在【设置形状格式】任务窗格中单击【填充与线条】按钮，在【填充】选项组中将【颜色】设置为【白色】，将【透明度】设置为【64%】，在【线条】选项组中选择【无线条】选项，如图 5-120 所示。

Step 12：在该任务窗格中单击【大小与属性】按钮，在【大小】选项组中将【高度】、【宽度】分别设置为【4.9 厘米】、【25.4 厘米】，在【位置】选项组中将【水平位置】、【垂直位置】分别设置为【0 厘米】、【7.69 厘米】，如图 5-121 所示。

图 5-120 设置填充和线条

图 5-121 设置大小和位置

Step 13：选中该矩形，选择【动画】选项卡，在【动画】组中单击 按钮，在弹出的下拉列表中选择【退出】选项组中的【擦除】选项，在【计时】选项组中将【开始】设置为【与上一动画同时】，如图 5-122 所示。

Step 14：继续选中该矩形，在【动画】组中单击 按钮，在弹出的下拉列表中选择【进入】选项组中的【擦除】选项，选择完成后，在【计时】组中将【开始】设置为【与上一动画同时】，如图 5-123 所示。

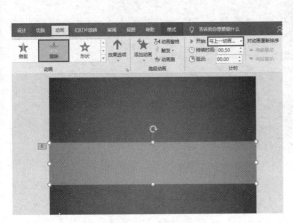

图 5-122 设置动画效果（1）

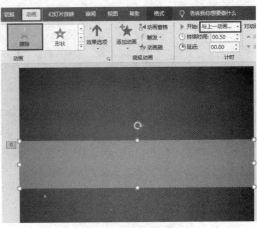

图 5-123 设置动画效果（2）

Step 15：在功能区选择【插入】选项卡，在【插图】组中单击【形状】按钮，在弹出的下拉列表中选择【椭圆】选项，在幻灯片中按住 Shift 键绘制一个正圆；选中该圆，在【设置形状格式】任务窗格中单击【填充与线条】按钮，在【填充】选项组中将【颜色】设置为【浅蓝】，在【线条】选项组中选择【无线条】选项，如图 5-124 所示。

Step 16：在该任务窗格中单击【大小与属性】按钮，在【大小】选项组中将【高度】、【宽度】都设置为【2.6 厘米】；在【位置】选项组中将【水平位置】、【垂直位置】分别设置为【19.79 厘米】、【5.78 厘米】，如图 5-125 所示。

图 5-124　设置填充和颜色

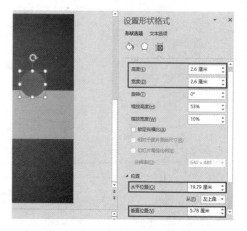

图 5-125　设置大小和位置

Step 17：在【设置形状格式】任务窗格中单击【填充与线条】按钮，在【线条】选项组中选择【实线】选项，将【颜色】设置为【白色】，将【宽度】设置为【2 磅】，如图 5-126 所示。

Step 18：继续选中该图形，对其进行复制，并调整其大小及位置。单击【格式】选项卡中的【绘图】组中的【排列】按钮，选择【对齐】→【横向分布】选项，如图 5-127 所示。

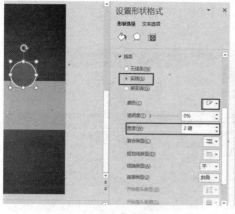

图 5-126　设置形状格式

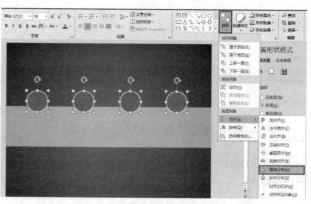

图 5-127　排列对齐

Step 19：继续选中该图形，输入文字；选中输入的文字，在功能区选择【开始】选项卡，在【字体】组中将【字体】设置为【Arial】，将【字号】设置为【36】，将【字体颜色】设置为【白色】，在【段落】组中单击【居中】按钮，如图 5-128 所示。

Step 20：选中第四个圆形，选择【动画】选项卡，在【动画】组中选择【飞入】选项，将【效果选项】设置为【自左侧】，在【计时】组中将【开始】设置为【与上一动画同时】，将【持续时间】设置为【00.70】，如图 5-129 所示。

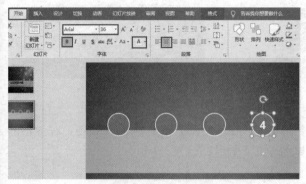

图 5-128　设置文字格式

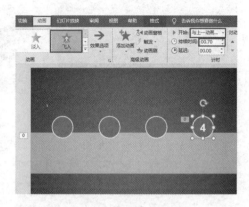

图 5-129　设置动画效果

Step 21：在功能区选择【插入】选项卡，在【文本】组中单击【文本框】按钮，在弹出的下拉列表中选择【横排文本框】选项，绘制一个文本框，输入文字；选中输入的文字，选择【开始】选项卡，在【字体】组中将【字体】设置为【微软雅黑】，将【字号】设置为【20】，将【字体颜色】设置为【深蓝】，在【段落】组中单击【居中】按钮，如图 5-130 所示。

Step 22：继续选中该文本框，选择【动画】选项卡，在【动画】组中选择【浮入】选项，在【计时】组中将【开始】设置为【与上一动画同时】，将【持续时间】设置为【00.50】，将【延迟】设置为【01.00】，如图 5-131 所示。

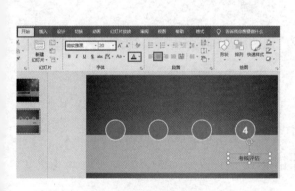

图 5-130　绘制文本框并输入文字

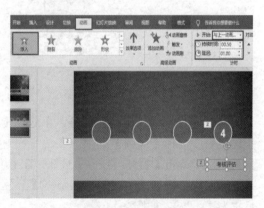

图 5-131　设置持续时间

Step 23：采用相同的方法在该幻灯片中添加其他图形及文字，并为其添加动画效果，如图 5-132 所示。

Step 24：选择第二张幻灯片，按 Enter 键新建一个幻灯片，在功能区选择【插入】选项卡，在【文本】组中单击【文本框】按钮，在弹出的下拉列表中选择【横排文本框】选项，绘制一个文本框，输入文字。选中输入的文字，选择【开始】选项卡，在【字体】组中将【字体】设置为【微软雅黑】，将【字号】设置为【36】，单击【加粗】按钮，将【字体颜色】设置为【白色】，如图 5-133 所示。

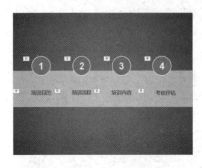

图 5-132　添加其他图形及文字效果

图 5-133　设置文本框中文字格式

Step 25：选中该文本框，选择【动画】选项卡，在【动画】组中单击 按钮，在弹出的下拉列表中选择【更多进入效果】选项，如图 5-134 所示。

Step 26：在弹出的对话框中选择【华丽型】选项组中的【挥鞭式】动画效果，选择完成后，单击【确定】按钮，在【计时】组中将【开始】设置为【上一动画之后】，如图 5-135 所示。

图 5-134　选择【更多进入效果】选项

图 5-135　选择【挥鞭式】动画效果

Step 27：在功能区选择【插入】选项卡，在【插图】组中单击【形状】按钮，在弹出的下拉列表中选择【椭圆】选项，在幻灯片中按住 Shift 键绘制一个正圆；在【设置形状格式】任务窗格中单击【填充与线条】按钮，在【填充】选项组中将【颜色】设置为【白色】，在【线条】选项组中选择【实线】选项，将【颜色】的 RGB 值设置为（255，255，0），将【宽度】设置为【6 磅】，如图 5-136 所示。

Step 28：在该任务窗格中单击【大小与属性】按钮，在【大小】选项组中将【宽度】、【高度】都设置为【4 厘米】，在【位置】选项组中将【水平位置】、【垂直位置】分别设置为【10.55厘米】、【9.1 厘米】，如图 5-137 所示。

Step 29：在功能区选择【插入】选项卡，在【图像】组中单击【图片】按钮，在弹出的对话框中选择"人物.png"素材图片，单击【插入】按钮，如图 5-138 所示。

Step 30：选中该素材图片，在【设置图片格式】任务窗格中单击【大小与属性】按钮，在【大小】选项组中将【高度】、【宽度】设置为【2.3 厘米】、【2.87 厘米】，在【位置】选项组中将【水平位置】、【垂直位置】分别设置为【11.08 厘米】、【9.7 厘米】，如图 5-139 所示。

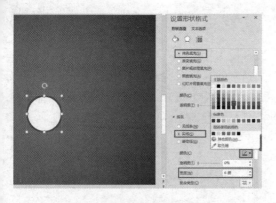

图 5-136　设置形状格式

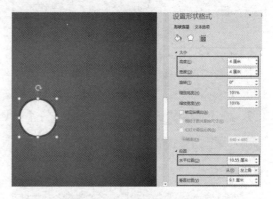

图 5-137　设置形状格式

图 5-138　插入素材图片

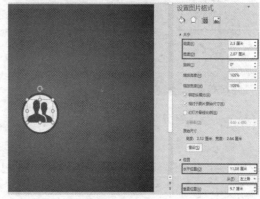

图 5-139　设置图片格式

Step 31：在幻灯片中选择绘制的图形及插入的图片，右击，在弹出的快捷菜单中选择【组合】→【组合】命令，如图 5-140 所示。

Step 32：选中组合后的对象，选择【动画】选项卡，在【动画】组中单击 按钮，在弹出的下拉列表中选择【翻转式由远及近】选项，如图 5-141 所示。

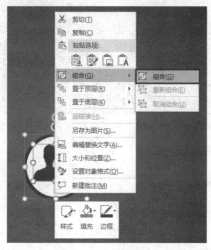

图 5-140　组合

图 5-141　选择进入效果

Step 33：添加完成后，在【计时】组中将【开始】设置为【上一动画之后】，如图 5-142 所示。

Step 34：在功能区选择【插入】选项卡，在【插图】组中单击【形状】按钮，在弹出的下拉列表中选择【直线】选项，在幻灯片中绘制一条直线；在【设置形状格式】任务窗格中单击【填充与线条】按钮，在【线条】选项组中选择【实线】选项，将【颜色】设置为【白色】，将【宽度】设置为【2.25 磅】，将【短划线类型】设置为【圆点】，如图 5-143 所示。

图 5-142　设置【计时】

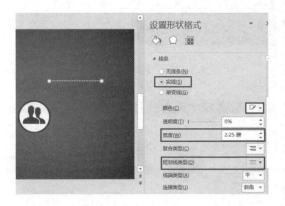

图 5-143　设置形状格式

Step 35：选中该直线，选择【动画】选项卡，在【动画】组中单击　按钮，在弹出的下拉列表中选择【擦除】选项，将【效果选项】设置为【自右侧】，将【开始】设置为【上一动画之后】，将【持续时间】设置为【00.75】，如图 5-144 所示。

Step 36：对该直线进行复制，并对复制后的对象进行调整，在【动画】组中将【效果选项】设置为【自底部】，效果如图 5-145 所示。

图 5-144　设置持续时间

图 5-145　设置动画效果

Step 37：在功能区选择【插入】选项卡，在【插图】组中单击【形状】按钮，在弹出的下拉列表中选择【圆角矩形】选项，在幻灯片中绘制一个圆角矩形，并调整圆角的大小；在【设置形状格式】任务窗格中单击【填充与线条】按钮，在【填充】选项组中选择【纯色填充】选项，将【颜色】设置为【浅蓝】，在【线条】选项组中选择【实线】选项，将【颜色】设置为【白色】，将【透明度】设置为【70%】，将【宽度】设置为【1 磅】，将【短划线类型】设置为【短划线】，如图 5-146 所示。

Step 38：在功能区选择【插入】选项卡，单击【插图】组中的【形状】按钮，在弹出的下拉列表中选择【椭圆】选项，在幻灯片中按住 Shift 键绘制一个正圆，在【设置形状格式】任务窗格中单击【填充与线条】按钮，在【填充】选项组中选择【纯色填充】选项，选择【取色器】选项，选取中间人物图片中的颜色，在【线条】选项组中选择【无线条】选项，如图 5-147 所示。

图 5-146　设置形状格式

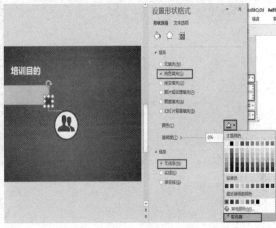

图 5-147　设置形状格式

Step 39：继续选中该图形，输入文字。选中输入的文字，选择【开始】选项卡，在【字体】组中将【字体】设置为【Aria】，将【字号】大小设置为【18】，单击【加粗】按钮，将【字体颜色】设置为【白色】，在【段落】组中单击【居中】按钮，如图 5-148 所示。

Step 40：在功能区选择【插入】选项卡，在【文本】组中单击【文本框】按钮，在弹出的下拉列表中选择【横排文本框】选项，在幻灯片中绘制一个文本框，输入文字；选中输入的文字，选择【开始】选项卡，在【字体】组中将【字体】设置为【微软雅黑】，将【字号】设置为【14】，将【字体颜色】设置为【黑色】，在【段落】组中单击【两端对齐】按钮，然后单击【段落】组中的 📑 按钮，如图 5-149 所示。

图 5-148　设置文字格式

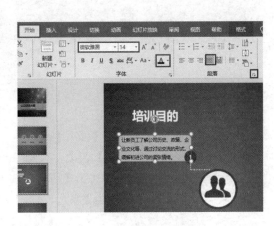

图 5-149　设置文字格式

Step 41：在弹出的对话框中选择【缩进和间距】选项卡，在【间距】选项组中将【行距】

设置为【1.5 倍行距】，设置完成后，单击【确定】按钮，如图 5-150 所示。

Step 42：在幻灯片中选中该文本框、圆角矩形及蓝色小圆形，右击，在弹出的快捷菜单中选择【组合】→【组合】命令，如图 5-151 所示。

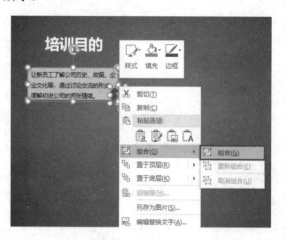

图 5-150　设置段落格式　　　　　　　　　　　　图 5-151　组合

Step 43：选中组合后的对象，选择【动画】选项卡，在【动画】组中选择【淡入】选项，在【计时】组中将【开始】设置为【上一动画之后】，如图 5-152 所示。

Step 44：使用同样的方法添加其他图形和文字，并为其添加动画效果，如图 5-153 所示。

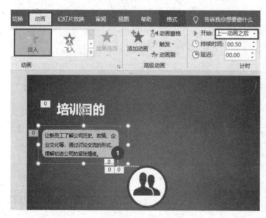

图 5-152　设置动画效果　　　　　　　　　　　　图 5-153　添加其他图形和文字

Step 45：选择第三张幻灯片，按 Enter 键新建一个空白幻灯片。在第三张幻灯片中选择"培训目的"文本框，将其复制至第四张幻灯片中，并修改其内容为"培训流程"，效果如图 5-154 所示。

Step 46：在功能区选择【插入】选项卡，在【插图】组中单击【形状】按钮，在弹出的下拉列表中选择【圆角矩形】选项，在幻灯片中绘制一个圆角矩形，并调整其圆角大小。在【设置形状格式】任务窗格中单击【填充与线条】按钮，在【填充】选项组中选择【纯色填充】选项，将【颜色】的 RGB 值设置为（51，153，255），在【线条】选项组中选择【实线】选项，将【颜色】设置为【白色】，将【宽度】设置为【0.5 磅】，如图 5-155 所示。

Step 47：在该任务窗格中单击【大小与属性】按钮，在【大小】选项组中将【高度】、【宽度】分别设置为【2.21 厘米】、【7.06 厘米】，在【位置】选项组中将【水平位置】、【垂直位置】

分别设置为【1.76 厘米】、【4.74 厘米】，如图 5-156 所示。

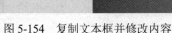

图 5-154　复制文本框并修改内容

图 5-155　设置形状格式

Step 48：在幻灯片中选中蓝色矩形，输入文字。选中输入的文字，选择【开始】选项卡，在【字体】组中将【字体】设置为【微软雅黑】，将【字号】设置为【24】，单击【加粗】按钮，将【字体颜色】设置为【白色】，如图 5-157 所示。

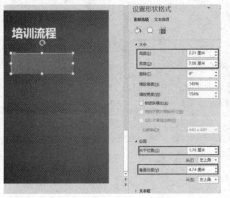

图 5-156　设置形状格式

图 5-157　设置文字格式

Step 49：选中矩形，选择【动画】选项卡，在【动画】选项组中单击 按钮，在弹出的下拉列表中选择【劈裂】选项，将【效果选项】设置为【中央向上下展开】，在【计时】组中将【开始】设置为【上一动画之后】，将【持续时间】设置为【00.75】，如图 5-158 所示。

Step 50：在功能区选择【插入】选项卡，在【插图】组中单击【形状】按钮，在弹出的下拉列表中选择【直线】选项，在幻灯片中绘制一条直线；在【设置形状格式】任务窗格中单击【填充与线条】按钮，在【线条】选项组中选择【实线】选项，将【颜色】设置为【白色】，将【宽度】设置为【4.5 磅】，将【结尾箭头类型】设置为【开放型箭头】，如图 5-159 所示。

Step 51：继续选中该图形，选择【动画】选项卡，在【动画】组中单击 按钮，在弹出的下拉列表中选择【擦除】选项，将【效果选项】设置为【自顶部】，将【开始】设置为【上一动画之后】，如图 5-160 所示。

Step 52：使用同样的方法添加其他图形及文字，并为图形添加动画效果。效果如图 5-161 所示。

Step 53：选中第四张幻灯片，按 Enter 键新建一个空白幻灯片，在第四张幻灯片中选择"培训流程"文本框，将其复制至第五张幻灯片中，并修改其内容为"培训内容"，如图 5-162 所示。

图 5-158　设置动画效果

图 5-159　设置形状格式

图 5-160　设置动画效果

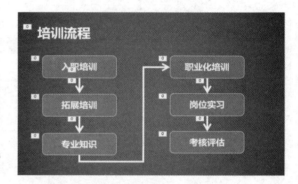

图 5-161　为图形添加动画效果

Step 54：在功能区选择【插入】选项卡，在【插图】组中单击【形状】按钮，在弹出的下拉列表中选择【直线】选项，在幻灯片中绘制一条直线；选中该直线，在【设置形状格式】任务窗格中单击【填充与线条】按钮，在【线条】选项组中选择【实线】选项，将【颜色】设置为【白色】，将【宽度】设置为【3 磅】，将【结尾箭头类型】设置为【箭头】，如图 5-163 所示。

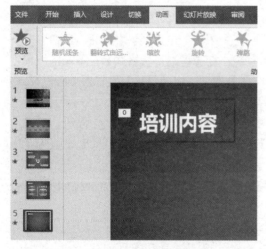

图 5-162　复制文本框并修改内容

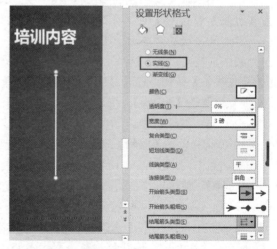

图 5-163　设置形状格式

Step 55：继续选中该直线，选择【动画】选项卡，在【动画】组中单击 按钮，在弹出的下拉列表中选择【擦除】选项，将【效果选项】设置为【自底部】，在【计时】组中将【开始】设置为【上一动画之后】，如图 5-164 所示。

Step 56：对该图形进行复制，并调整其角度，在【动画】组中将【效果选项】设置为【自左侧】，在【计时】组中将【开始】设置为【上一动画之后】，如图 5-165 所示。

图 5-164　设置动画效果

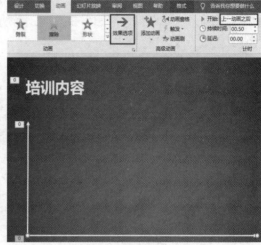

图 5-165　设置动画效果

Step 57：在功能区选择【插入】选项卡，在【插图】组中单击【形状】按钮，在弹出的下拉列表中选择【圆角矩形】选项，在幻灯片中绘制一个圆角矩形，并调整其圆角的大小；在【设置形状格式】任务窗格中单击【填充与线条】按钮，在【填充】选项组中选择【纯色填充】选项，【颜色】的 RGB 值设置为（192，0，0），在【线条】选项组中选择【无线条】选项，如图 5-166 所示。

Step 58：在功能区选择【插入】选项卡，在【文本】组中单击【文本框】按钮，在弹出的下拉列表中选择【横排文本框】选项，在幻灯片中绘制一个文本框，输入文字；选中输入的文字，选择【开始】选项卡，在【字体】组中将【字体】设置为【微软雅黑】，将【字号】设置为【24】，单击【加粗】按钮，将字体颜色设置为【白色】，在【段落】组中单击【居中】按钮，如图 5-167 所示。

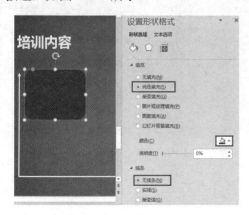

图 5-166　设置形状格式

图 5-167　设置文字格式

Step 59：使用【横排文本框】工具在幻灯片中绘制一个文本框，输入文字；选中输入的文字，选择【开始】选项卡，在【字体】组中将【字体】设置为【微软雅黑】，将【字号】设置为【16】，将【字体颜色】设置为【白色】，在【段落】组中单击【居中】按钮，单击【项目符号】右侧的下三角按钮，在弹出的下拉列表中选择【箭头项目符号】选项，如图 5-168 所示。

Step 60：在该文字上右击，在弹出的快捷菜单中选择【段落】命令，在弹出的对话框中切换到【缩进和间距】选项卡，在【间距】选项组中将【行距】设置为【多倍行距】，将【设置值】设置为【1.3】，如图 5-169 所示。设置完成后，单击【确定】按钮。

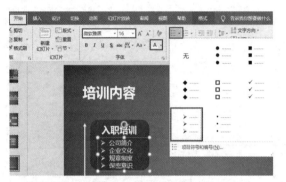

图 5-168　选择【箭头项目符号】选项　　　　　　　图 5-169　设置段落格式

Step 61：选中绘制的圆角矩形与其上方的两个文本框，右击，在弹出的快捷菜单中选择【组合】→【组合】命令，如图 5-170 所示。

Step 62：切换到【动画】选项卡，在【动画】组中选择【飞入】选项，将【效果选项】设置为【自左上部】，在【计时】选项组中将【开始】设置为【上一动画之后】，将【持续时间】设置为【01.00】，如图 5-171 所示。

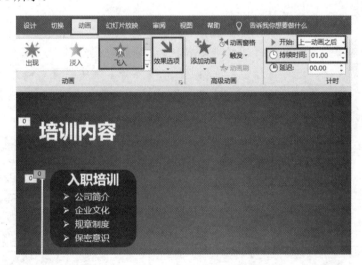

图 5-170　组合　　　　　　　　　　　　　图 5-171　设置动画效果

Step 63：使用同样的方法在该幻灯片中添加其他图形及文字，并为其添加动画效果，如图 5-172 所示。

Step 64：根据前面所介绍的方法创建"考核评估"幻灯片，效果如图 5-173 所示。

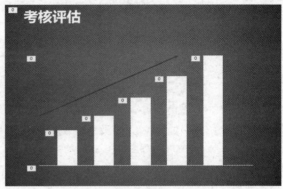

图 5-172　添加其他图形和文字　　　　　　　图 5-173　创建"考核评估"幻灯片

Step 65：选择第二张幻灯片，在该幻灯片中选择"培训目的"文本框，右击，在弹出的快捷菜单中选择【超链接】命令，如图 5-174 所示。

提示：在为文字添加超链接时，直接选择文本框不会出现下画线；如果选中文字后添加超链接，则文字会变为蓝色，并出现下画线。

Step 66：在弹出的对话框中选择【本文档中的位置】选项，在其右侧的列表框中选择【3. 幻灯片 3】选项，如图 5-175 所示。单击【确定】按钮，即可为其添加超链接。

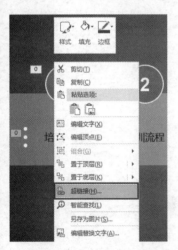

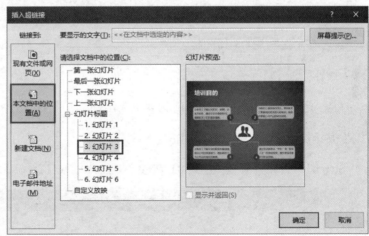

图 5-174　选择【超链接】命令　　　　　　　图 5-175　添加超链接

Step 67：使用同样的方法为其他文本框添加超链接，并对完成后的场景进行保存即可。

项目6 办公设备运用

办公设备，泛指与办公室相关的设备。办公设备有广义概念和狭义概念的区分。狭义概念多指用于办公室处理文件的设备。例如，人们熟悉的传真机、打印机、复印机、投影仪、碎纸机、扫描仪等，还有台式电脑、笔记本电脑、考勤机、装订机等。打印机是日常办公最常用到的设备之一，使用它是学习、工作中必备的技能。

任务 6.1 文件的打印与复印

在办公室工作中，经常要对文件、图片等资料进行复制，以便存档或发给有关人员阅读。因此信息复制是办公室日常工作的组成部分。常用的信息复制方法包括：使用复印机复印以纸为介质的文件、通过网络发送电子文档来复制电子资料。打印与复印是有区别的。

操作1 文件的打印

【学习目标】

学习并掌握利用打印机进行文件打印。

【操作概述】

将电子文件通过计算机控制的打印机输出到纸张上。

【操作步骤】

Step 01：首先打开需要打印的 Word 文档，如图 6-1 所示。

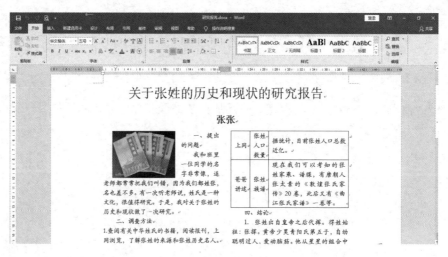

图 6-1 需打印的文档

Step 02：单击左上角【文件】按钮，如图 6-2 所示。

图 6-2　单击【文件】按钮

Step 03：选择【打印】选项，在右侧查看打印预览效果，可以修改【页边距】等选项后再次查看打印预览效果，如图 6-3、图 6-4 所示。

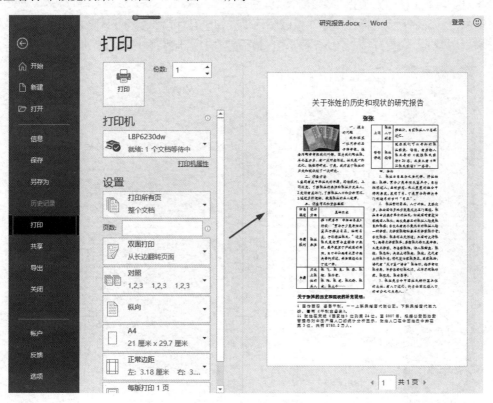

图 6-3　查看打印预览效果

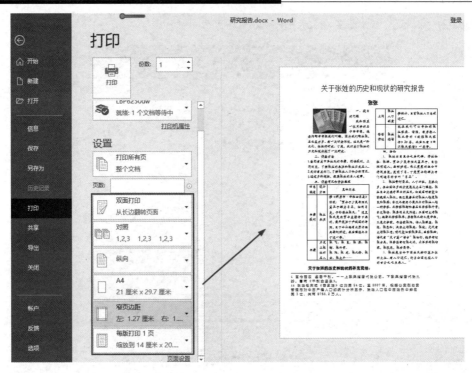

图 6-4　查看打印预览效果

Step 04：在【打印】窗格中选择打印机名称。

提示：首先要保证计算机与打印机网络连通，如果打印机上没有接口就不能连接计算机；其次要在计算机上安装打印机的驱动程序；最后要在打印时能够选择打印机，如图 6-5 所示。

图 6-5　选择打印机

Step 05：设置好打印方向、页面范围等选项，如图 6-6 所示。

Step 06：也可选择【页面设置】，在弹出的对话框中设置好打印【纸张方向】、【页边距】等，单击【确定】按钮，如图 6-7 所示。

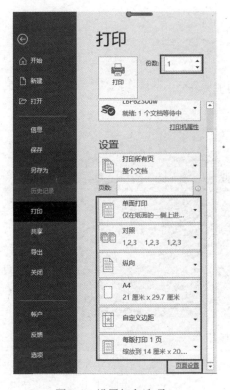

图 6-6　设置打印选项　　　　　　图 6-7　设置打印选项

Step 07：单击【打印】按钮就可以打印了，如图 6-8 所示。

图 6-8　打印文档

操作2　文件的复印

【学习目标】

学习并掌握利用复印机进行文件的复印。

【操作概述】

将纸质图文通过光学扫描复印机复制出新的纸质文件（本操作以夏普 1808S 复印机为例，如图 6-9 所示）。

图 6-9　复印机

【操作步骤】

Step 01：按下复印机开机按钮。现在办公设备一般都有睡眠功能，所以在复印前，应该让设备有个预热的过程，按设备上的任意键都能将设备唤醒，如图 6-10 所示。

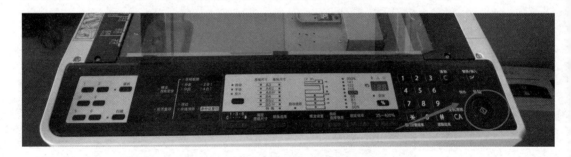

图 6-10　开机按钮

Step 02：检查原稿。将要复印的原稿进行检查，确定无订书针等尖锐物并查看纸盒里面的纸量和机器的墨是否充足。

Step 03：放置原稿。揭开复印机上盖，将要复印的原稿放置在玻璃面板上，注意要将需要复印的一面朝下，接着对准大小刻度，左上角紧贴标尺边缘，使原稿尽量不要有褶皱，盖上盖子，如图 6-11 所示。

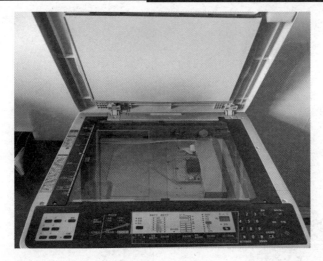

图6-11 放置原稿

Step 04：设定复印份数。按下数字键或方向键设定复印份数。如果输入有误可以按清除键进行取消并重新设定，如图6-12所示。

Step 05：调整复印文件的大小可以按缩放键，如图6-13所示。如果需要打印彩色的文件，可以选择"彩色"，反之选择"黑白"。

图6-12 设定复印份数　　　　　　　　图6-13 缩放复印文件大小

Step 06：检查是否缺复印纸。根据文件的大小检查相应纸盒是否有纸，如果缺纸则不能复印。

Step 07：选择完成后，按下"开始"键开始复印即可。

任务6.2　文件的扫描与传真

操作1　文件的扫描

【学习目标】

学习并掌握进行文件扫描的方法。

【操作概述】

将纸质文件通过计算机控制的扫描仪输入到计算机中，常见的扫描仪如图 6-14、图 6-15 所示。

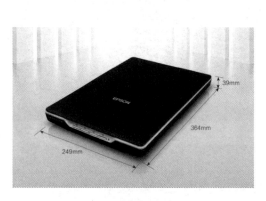

图 6-14　常见扫描仪（1）　　　　　　　　　图 6-15　常见的扫描仪（2）

Step 01：打开扫描仪开关，单击计算机桌面左下角的 Windows 图标，在搜索栏输入"控制面板"，打开【控制面板】，如图 6-16 所示。

Step 02：在【控制面板】界面下，选择【查看设备和打印机】选项，如图 6-17 所示。

图 6-16　控制面板　　　　　　　　　　　图 6-17　查看设备和打印机

Step 03：在【设备和打印机】列表里，右击扫描仪图标，在弹出的菜单中选择【开始扫描】命令。

Step 04：在弹出的对话框中单击【扫描】按钮。

Step 05：在完成扫描后弹出的对话框中单击【下一步】按钮。

Step 06：在弹出的对话框中单击【导入】按钮。

Step 07：单击【导入】按钮，即可进行扫描。

操作 2　文件的传真

【学习目标】

了解进行文件传真的方法。

【操作概述】

利用网络采用几种方式发送传真。

【知识链接】

传统传真机：需有电信的 PSTN 线路，并需采购传真机，通过电信的 PSTN 线路来收发传真。

网络传真：指通过互联网发送和接收传真，不需要传统传真机的一种新型传真方式。通过网络传真，用户可以像收发电子邮件一样接收和发送传真，具有方便、绿色环保、易管理等优点。现在很多公司都开始使用网络传真机了。因为它无须传真机、无须传真耗材，可进行无纸化、移动办公，环保而且节约资源。

网络传真采用三种常用方式发送：客户端、Web 浏览器、电子邮件，同时可以通过与公司不同业务系统（OA、ERP、CRM 等）的集成，实现通过业务系统发送传真。

（1）客户端：下载一个传真提供商的应用软件，可随时启动，不用登录网页即可收发传真。

（2）Web 浏览器：直接登录网络传真提供商的网站，输入用户名、密码即可。

（3）电子邮件：绑定电子传真号码和邮箱，即可通过电子邮件来发送和接收传真。

项目 7　手机版 WPS Office 运用

随着智能手机的普及，在平时的工作和生活中，我们经常需要把手机里的文件传到计算机上，如图片、视频或一些工作资料等。此外，通过手机端进行文件传输和文件处理也越来越频繁。本项目着重讲解如何利用手机端进行办公软件的使用，以及文件的传输和打印等。

任务 7.1　手机版办公软件的安装和文件传输

操作1　在移动设备上安装和运行 WPS Office 应用程序

【学习目标】

掌握手机版 WPS Office 应用程序安装、启动的方法。

【操作概述】

如何在手机上安装和启动手机版 WPS Office 办公软件。

【操作步骤】

将办公文档从一个平台转移到另一个平台以进行处理变得越来越重要和容易，与无处不在的云存储的连接可以帮助我们进行文档在设备之间的转移，同时降低数据丢失的风险。

Step 01：在浏览器中搜索"WPS Office"，找到后下载，如图 7-1 所示。

Step 02：在手机【应用市场】或【应用商场】里输入"WPS Office"，下载软件，如图 7-2 所示。

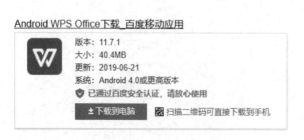

图 7-1　搜索软件并下载

图 7-2　下载软件

Step 03：在手机上安装并打开 WPS Office 软件，不同品牌和型号的手机可能因为主题原因，软件图标显示有所不同，如图 7-3 所示。

 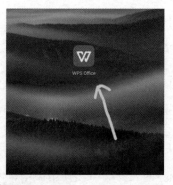

图 7-3 图标显示

Step 04：点击 WPS Office 图标后进入打开页面，如图 7-4 所示。

Step 05：选择要打开文件的类型，Word 文档如图 7-5 所示，PPT 文档如图 7-6 所示，Excel 表格文档如图 7-7 所示，PDF 图片文档如图 7-8 所示，TXT 文本文档如图 7-9 所示。

图 7-4 打开 WPS Office　　　　图 7-5 Word 文档　　　　图 7-6　PPT 文档

图 7-7　Excel 表格文档　　　　图 7-8　PDF 图片文档　　　　图 7-9　TXT 文本文档

操作 2　使用手机进行文件传输

【学习目标】

掌握使用手机进行文件传输的几种方法。

【操作概述】

使用手机进行文件传输的几种状况：使用网络、使用数据线、无数据线无网络时。

【操作步骤】

现在越来越多的人开始习惯使用微信、QQ 等软件进行文件传输，所以通过手机把文件传输到计算机上，也是比较常用且方便的方法。这种传输方式的优点是传输图片、文档等类型的小文件更方便、快捷，但是前提条件是必须手机和计算机都有网络连接时才可进行。

1．在有网络的情况下进行数据传输

Step 01：选择"关于选拔 2019 年度'优秀大学生海外游学计划'的通知 20 份"文件并打开，如图 7-10、图 7-11 所示。

图 7-10　选择文件　　　　　　　　　　　　图 7-11　打开文件

Step 02：打开文件后点击【分享】按钮，然后点击【以文件发送】选项，接着点击【发送至电脑】选项，如图 7-12～图 7-14 所示。

图 7-12　分享文件　　　　　图 7-13　发送文件　　　　　图 7-14　电脑接收

2. 使用数据线，通过手机进行文件传输

Step 01：使用数据线将手机上的文件传输到计算机上是非常快捷、方便的方式，手机在通过数据线连接计算机后，会弹出提示要求安装相应的手机助手应用程序。

Step 02：不安装应用程序也能直接传输文件，连接计算机后计算机上会有一个文件夹，打开就可以复制手机里的照片、视频到计算机上，如图 7-15 所示。

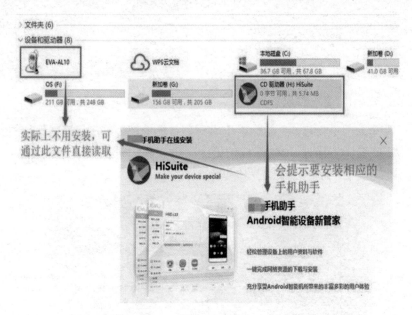

图 7-15　通过数据线将手机上的文件传输到计算机上

这种情况更适合传输大文件，传输速度快，接收目的也清晰，无须网络，只要有数据线随时随地都可以传输。使用数据线传输大文件更方便、快捷，不受网络限制，但是使用时必须随时配备数据线。

3. 无网络、无数据线时进行手机文件传输

在没有数据线和网络的情况下，想要把手机上的文件传输到计算机上，有两种方法。第一种是利用蓝牙连接传输。第二种是利用手机 U 盘连接传输。第二种传输方式不受数据线和网络限制，适合传输大文件，速度快，操作简单、便捷，但是缺点是需额外购买手机 U 盘且需随时携带。

Step 01：利用蓝牙连接传输，如图 7-16 所示。

蓝牙是我们在设备之间进行文件传输最常用的方式之一，如今在手机、计算机上也同样适用。只要手机和计算机都支持蓝牙技术，打开两个设备的蓝牙功能，配对成功后即可开始传输文件，把手机上的文件传输到计算机上。

Step 02：通过手机 U 盘进行传输。

手机 U 盘的一端连接到计算机的 USB 口，另一端插到手机上的 Type-C 接口上（根据手机接口来选择），如图 7-17 所示。

图 7-16　蓝牙传输

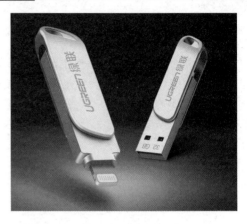

图 7-17　手机 U 盘

把手机 U 盘插到手机上后，直接把手机里想要传输的图片、视频等文件复制到手机 U 盘中。之后把手机 U 盘插到计算机上，把刚才的资料再复制到计算机上，也同样可以实现将手机上的文件快速传到计算机中，如图 7-18 所示。

图 7-18　插入手机 U 盘

此外，手机上各种图片、视频太多时，可以把这些图片全部存放在手机 U 盘里，想要查看时再连接手机 U 盘随时读取、查看，不会影响使用，但能为手机节省内存空间，解决手机内存不足的问题。

任务 7.2　编辑手机上的文件

操作 1　手机 WPS Office 基本操作

【学习目标】

掌握应用手机 WPS Office 进行文件编辑的方法。

【操作概述】

对 Word 等文件进行新建、保存或数据的编辑、修改。

【操作步骤】

1. 在手机 WPS Office 里新建 Word 文档

Step 01：点击页面上的红色圆圈中白色十字形图标，如图 7-19 所示。

Step 02：选择要新建文件的类型，如图 7-20 所示。

图 7-19　点击十字形图标

图 7-20　选择要新建文件的类型

Step 03：选择新建 Word 文档的类型，新建空白文档，如图 7-21 所示。

图 7-21　新建空白文档

提示：Word 文档里自带"求职简历""信纸""合同协议""宣传海报"等类型的文档，可以根据需要选择。

2. 在手机 WPS Office 里编辑 Word 文件

Step 01：在 Word 文档空白区域输入文字，如图 7-22 所示。

Step 02：在编辑区域下方点击【文字编辑】按钮，可对文档的文字大小、颜色、字体等进行编辑；点击【对齐】按钮，可对文档的位置排列进行编辑，如图 7-23 所示。

图 7-22　在空白区域输入文字

图 7-23　对文档的位置排列进行编辑

Step 03：点击【插入】按钮，可在文档中插入图片，可选择拍照、相册、扫描或在线图库等方式插入，如图 7-24 所示。

Step 04：插入图片后，可对插入的图片进行编辑，点击下方【图片】按钮，选择图片环绕方式，如图 7-25 所示。

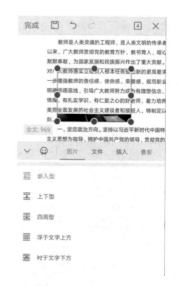

图 7-24　选择图片

图 7-25　图片环绕方式

Step 05：选择插入的图片，还可对图片进行裁剪、旋转、保存到相册等操作，如图 7-26 所示。

Step 06 ：编辑完成后点击左上角的【保存】按钮即可保存文档，如图 7-27 所示。

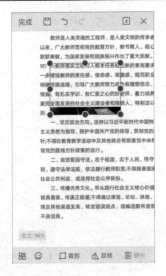

图 7-26 选择【浮于文字上方】选项　　　　图 7-27 保存文档

操作 2 在手机 WPS Office 里进行 Excel 文件的基本操作

【学习目标】

掌握应用手机 WPS Office 进行 Excel 文件编辑的方法。

【操作概述】

对 Excel 等文件进行新建、保存或数据的编辑、修改。

【操作步骤】

Step 01：点击【新建】按钮，在手机 WPS Office 里面新建 Excel 文件，如图 7-28 所示。

Step 02：选择【新建表格】选项，新建空白表格文档，在文档空白处可输入文字、数字，可手动拖动以进行表格的高度、宽度调整、编辑，完成后点击文档左上角的【保存】按钮，对文件进行命名保存，如图 7-29 所示。

图 7-28 点击【新建】按钮

图 7-29 新建空白表格文档并编辑、保存

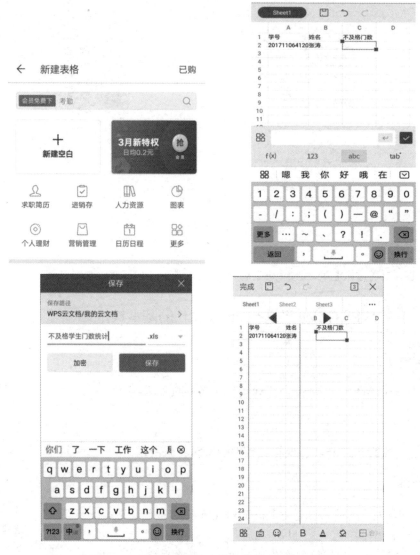

图 7-29　新建空白表格文档并编辑、保存（续）

任务 7.3　打印手机上的文件

【学习目标】

掌握手机文件的打印方法。

【操作概述】

在手机上对 Word、Excel 等文件进行打印输出。

【操作步骤】

Step 01：点击 WPS Office 文档下端的【应用】按钮，如图 7-30 所示。

图 7-30 点击【应用】按钮

Step 02：选择【文档处理】中的【打印文档】按钮，即可进行手机文件的打印，如图 7-31 所示。

图 7-31 打印文档

反侵权盗版声明

电子工业出版社依法对本作品享有专有出版权。任何未经权利人书面许可，复制、销售或通过信息网络传播本作品的行为，歪曲、篡改、剽窃本作品的行为，均违反《中华人民共和国著作权法》，其行为人应承担相应的民事责任和行政责任，构成犯罪的，将被依法追究刑事责任。

为了维护市场秩序，保护权利人的合法权益，我社将依法查处和打击侵权盗版的单位和个人。欢迎社会各界人士积极举报侵权盗版行为，本社将奖励举报有功人员，并保证举报人的信息不被泄露。

举报电话：（010）88254396；（010）88258888

传　　真：（010）88254397

E-mail：　dbqq@phei.com.cn

通信地址：北京市海淀区万寿路 173 信箱

　　　　　电子工业出版社总编办公室

邮　　编：100036